Joseph Louis Lagrange

Über die Lösung der unbestimmten Probleme zweiten Grades

Elibron Classics
www.elibron.com

Elibron Classics series.

ISBN 1-4212-3329-0 (paperback)
ISBN 1-4212-3328-2 (hardcover)

This Elibron Classics Replica Edition is an unabridged facsimile of the edition published in 1904 by Wilhelm Engelmann, Leipzig.

OSTWALDS KLASSIKER

DER

EXAKTEN WISSENSCHAFTEN

8. Gebunden.

Erschienen sind bis jetzt aus dem Gebiete der

Mathematik:

Nr. 1. **H. Helmholtz,** Erhalt. der Kraft. (1847.) 7. Taus. (60 S.) *M* 1.—.

» 2. **C. F. Gauss,** Allgem. Lehrsätze in Beziehung auf die im verkehrten Verhältnisse des Quadrats der Entfern. wirk. Anziehungs- u. Abstoß.-Kräfte. (1840.) Herausg. v. A. Wangerin. 3. Aufl. (60 S.) *M* 1.—.

» 5. —— Flächentheorie. (1827.) Deutsch herausg. v. A. v. Wangerin. 4. Auflage. (64 S.) *M* 1.—.

» 10. **F. Neumann,** Die mathematischen Gesetze d. inducirten elektrischen Ströme. (1845.) Herausg. v. C. Neumann. (96 S.) *M* 1.90.

» 11. **Galileo Galilei,** Unterred. u. mathem. Demonstrat. über zwei neue Wissenszweige usw. (1638.) 1. Tag m. 13 u. 2. Tag m. 26 Fig. i. Text. Aus d. Ital. übers. u. herausg. v. A. v. Oettingen. Dritter, unveränderter Abdruck. (142 S.) *M* 3.75.

» 14. **C. F. Gauss,** Die 4 Beweise der Zerleg. ganzer algebr. Funktionen usw. (1799—1849.) Hrsg. v. E. Netto. 2. Aufl. Mit 1 Taf. (81 S.) *M* 1.90.

» 17. **A. Bravais,** Abhandlungen über symmetr. Polyeder. (1849.) Übers. u. in Gemeinschaft mit P. Groth herausgeg. von C. u. E. Blasius. Mit 1 Taf. (50 S.) *M* 1.25.

» 19. Über die Anzieh. homogener Ellipsoide, Abhandlungen von **Laplace** (1782), **Ivory** (1809), **Gauss** (1813), **Chasles** (1838) und **Dirichlet** (1839). Herausgeg. von A. Wangerin. (118 S.) *M* 2.50.

» 24. **Galileo Galilei,** Unterred. u. math. Demonstrat. üb. 2 neue Wissenszweige usw. (1638.) 3. u. 4. Tag, m. 90 Fig. i. Text. Aus d. Ital. u. Lat. übers. u. hrsg. v. A. v. Oettingen. 2. Aufl. (141 S.) *M* 2.50.

» 25. —— Anh. z. 3. u. 4. Tag, 5. u. 6 Tag, mit 23 Fig. im Text. Aus d. Ital. u. Latein. übers. u. herausg. v. A. v. Oettingen. 2., unveränderter Abdruck. (66 S.) *M* 1.50.

» 36. **F. Neumann,** Theorie inducirter elektr. Ströme. (1847.) Herausgeg. von C. Neumann. Mit 10 Fig. im Text. (96 S.) *M* 1.90.

» 46. Abhandlg. über Variations-Rechnung. I. Theil: Abhandlungen von **Joh. Bernoulli** (1696); **Jac. Bernoulli** (1697) u. **Leonhard Euler** (1744). Herausg. v. P. Stäckel. Mit 19 Textfig. (144 S.) *M* 2.50.

» 47. —— —— II. Theil: Abhandlungen von **Lagrange** (1762, 1770), **Legendre** (1786) und **Jacobi** (1837). Herausgeg. von P. Stäckel. Mit 12 Textfiguren. (110 S.) *M* 2.—.

» 53. **C. F. Gauss,** Die Intensität der erdmagnet. Kraft auf absolutes Maß zurückgeführt. Herausgeg. von E. Dorn. (62 S.) *M* 1.25.

» 54. **J. H. Lambert,** Anm. u. Zusätze zur Entw. d. Land- u. Himmelscharten. (1772.) Herausg. v. A. Wangerin. Mit 21 Textfig. (96 S.) *M* 2.—.

Über

die Lösung der unbestimmten Probleme zweiten Grades

von

Joseph Louis Lagrange

(1768)

Aus dem Französischen übersetzt und herausgegeben

von

Eugen Netto

in Gießen

Leipzig

Verlag von Wilhelm Engelmann

1904

Über die Lösung der unbestimmten Probleme zweiten Grades

von

Joseph Louis Lagrange.

[**377**] *) Ein Problem heißt unbestimmt, falls die Schlußgleichung, auf die die Lösung einer Aufgabe führt, mehr als eine Unbekannte enthält; im allgemeinen gibt es dann eine unendliche Anzahl von Lösungen. Wenn aber die Natur der Frage fordert, daß die gesuchten Größen rationale oder gar ganze Zahlen seien, so kann die Anzahl der Lösungen eine sehr beschränkte werden; die Schwierigkeit liegt darin, unter allen möglichen Lösungen die zu finden, die der vorgeschriebenen Bedingung genügen. Ist die Schlußgleichung vom ersten Grade, so folgt die Rationalität aller Lösungen aus der Natur dieser Gleichung selbst; fordert man dabei weiter, daß die Unbekannten ganze Zahlen seien, so kann man sie leicht nach der Methode der Kettenbrüche bestimmen (vgl. Nr. 8). Anders, wenn die Schlußgleichungen von höherem als dem ersten Grade sind; denn solche führen ihrer Natur nach auf irrationale Ausdrücke. Man kennt keine direkte und allgemeine Methode zur Auffindung kommensurabler Zahlen, die solchen Gleichungen genügen, selbst wenn sie nur vom zweiten Grade sind; [**378**] und man muß zugeben, daß dieser hochwichtige Zweig der Analysis von den Mathematikern vernachlässigt worden ist, oder zum mindesten, daß sie in ihm nur geringe Fortschritte zu verzeichnen haben.

Freilich haben *Diophant* und seine Erklärer eine große Anzahl unbestimmter Aufgaben vom zweiten, dritten und selbst vom vierten Grade gelöst; allein ihre Lösungen sind meist nur

---

*) Diese und die entsprechenden eingeklammerten Zahlen geben die Seiten der französischen Abhandlung im zweiten Bande der »Œuvres de Lagrange, publiées par J.-A. Serret, Paris 1868.«

auf Einzelfälle zugespitzt; deshalb ist es auch nicht erstaunlich, daß sich die Behandlung eben so einfacher wie allgemeiner Fälle den Methoden des *Diophant* völlig entzieht.

Wenn es sich z. B. darum handelt, unter der Voraussetzung, daß A und B ganze, nicht quadratische Zahlen sind, die Gleichung $A + Bt^2 = u^2$ zu lösen, oder mit anderen Worten, wenn man einen rationalen Wert t suchen soll, der $A + Bt^2$ zu einem Quadrate macht, so überzeugt man sich leicht davon, daß alle, aus der »Analysis« des *Diophant* bekannten Kunstgriffe hierfür versagen. Nun reduziert sich aber, wie man später sehen wird, gerade auf diesen Fall die allgemeine Lösung der unbestimmten Probleme zweiten Grades mit zwei Unbekannten. Meines Wissens hat sich niemand außer *Euler* mit dieser Frage beschäftigt. *Euler* behandelt sie in zwei vorzüglichen Abhandlungen,[1]) die sich in den Veröffentlichungen der Petersburger Akademie finden (Commentarii Acad. VI [1738] p. 175 und Novi Commentarii IX [1764] p. 3). Aber durch sie ist der Stoff bei weitem nicht erschöpft. Denn 1. hat *Euler* bei der Gleichung $A + Bt^2 = u^2$ nur den Fall betrachtet, wo B positiv ist, und t, u ganzzahlig sind; 2. setzt *Euler* in diesem Falle noch voraus, man kenne schon eine Lösung der Gleichung, und gibt eine Methode, um aus dieser bekannten Lösung eine unendliche Menge anderer Lösungen herzuleiten. Dabei hat dieser große Mathematiker nicht etwa versucht, auch Regeln zu geben, nach denen man von vornherein erkennen könne, ob die vorgelegte Gleichung lösbar sei oder nicht; sondern abgesehen davon, daß seine Regeln nur auf zweifelhaften Boden gegründet und nur induktiv hergeleitet sind, bieten sie für die Auffindung der als bekannt angesehenen ersten Lösung keinen Nutzen (vgl. insbesondere den Schluß der zweiten oben angeführten Abhandlung p. 38); 3. liefern die *Euler*schen Formeln, mit deren Hilfe aus einer Lösung unendlich viele hergeleitet werden können, nur dann alle möglichen Lösungen, wenn A eine Primzahl ist (vgl. Nr. **45**).

[**379**] Die Untersuchungen, die ich seit einiger Zeit über diesen Gegenstand angestellt habe, führten mich zu direkten, allgemeinen und neuen Methoden, Gleichungen von der Form $A + Bt^2 = u^2$ und allgemein jede Gleichung zweiten Grades mit zwei Unbekannten zu lösen, sei es, daß die Unbekannten ganze oder gebrochene Zahlen sein dürfen, sei es, daß sie ganze Zahlen sein müssen. Diese Methoden bilden den Gegenstand der folgenden Abhandlung. Ich halte sie der Aufmerksamkeit

der Mathematiker für wert, um so mehr als sie späteren Untersuchungen noch ein weites Feld offen lassen.

§ I. Über die Art, jede Gleichung zweiten Grades mit zwei Unbekannten auf die Form $A = u^2 - Bt^2$ zu bringen, und über die Fälle, in denen Gleichungen von dieser Form durch bekannte Methoden lösbar sind.

1. Sei

$$\alpha x^2 + \beta xy + \gamma y^2 + \delta x + \varepsilon y + \zeta = 0$$

die vorgelegte allgemeine Gleichung; in ihr seien $\alpha, \beta, \gamma, \delta, \varepsilon, \zeta$ gegebene ganze positive oder negative Zahlen (wären sie gebrochen, so könnte man sie stets durch Multiplikation der Gleichung mit ihrem Hauptnenner zu ganzen Zahlen machen); x und y seien die beiden zu bestimmenden Unbekannten, die rationale Zahlen werden sollen. Löst man diese Gleichung nach einer der Unbekannten, etwa nach x auf, so findet man

$$2\alpha x + \beta y + \delta = \sqrt{(\beta y + \delta)^2 - 4\alpha(\gamma y^2 + \varepsilon y + \zeta)}$$

und hat die Frage dahin umgewandelt, y so zu bestimmen, daß $(\beta y + \delta)^2 - 4\alpha(\gamma y^2 + \varepsilon y + \zeta)$ ein Quadrat wird. **[380]** Zur Abkürzung bezeichnen wir

$$\beta^2 - 4\alpha\gamma = B, \quad \beta\delta - 2\alpha\varepsilon = f, \quad \delta^2 - 4\alpha\zeta = g;$$

dann muß $By^2 + 2fy + g$ ein Quadrat werden. Wir setzen also

$$By^2 + 2fy + g = t^2,$$

und die Auflösung dieser Gleichung ergibt

$$By + f = \sqrt{Bt^2 + f^2 - Bg};$$

es handelt sich also nur noch darum, $Bt^2 + f^2 - Bg$ zu einem Quadrate zu machen. Wir setzen weiter

$$f^2 - Bg = A$$

und haben nun die Aufgabe darauf zurückgeführt, der Gleichung

$$A + Bt^2 = u^2,$$

in der A und B gegebene ganze Zahlen sind, durch rationale Größen t und u zu genügen.

2. Da wir

$$(\beta y + \delta)^2 - 4\alpha(\gamma y^2 + \varepsilon y + \zeta) = By^2 + 2fy + g = t^2,$$
$$Bt^2 + f^2 - Bg = Bt^2 + A = u^2$$

gesetzt haben, so folgt

$$2\alpha x + \beta y + \delta = \pm t,\quad By + f = \pm u;$$

$$y = \frac{\pm u - f}{B},\quad x = \frac{\pm t - \delta}{2\alpha} - \frac{\beta(\pm u - f)}{2\alpha B},$$

wobei die Zeichen $\pm$ bei t und bei u beliebig genommen werden können. Hat man also t und u gefunden, so liefern die letzten Formeln die Werte von x und y.

[381] Man sieht zugleich, daß wenn x und y ganze Zahlen sein sollen, t und u es auch sein müssen; außerdem ist dazu nötig, daß $(\pm u - f)$ durch B und daß $\left(\pm t - \delta - \frac{\beta(\pm u - f)}{B}\right)$ durch 2α teilbar sei. Fordert man nur, daß x und y rationale Zahlen seien, so reicht es aus, daß t und u rational werden.

3. Ist eine der Zahlen A oder B ein Quadrat, so läßt sich die Gleichung $A + Bt^2 = u^2$ nach den Methoden des *Diophant* behandeln.

I. Ist $B = b^2$, so setzen wir $u = bt + z$; die Gleichung $A + Bt^2 = u^2$ wird dadurch zu

$$A = 2btz + z^2,$$

und hieraus erhält man den Wert

$$t = \frac{A - z^2}{2bz}.$$

Für z kann man irgendwelche Zahl nehmen. Sollten jedoch t und u ganzzahlig sein, so dürfte man für z nur solche ganze Zahlen wählen, für die $(A - z^2)$ durch $2bz$ teilbar ist. Die Bestimmung solcher Zahlen könnte lang und schwierig werden, und so beachten wir lieber, daß aus $A + b^2t^2 = u^2$ folgt

$$A = u^2 - b^2t^2 = (u + bt)(u - bt).$$

Daraus ersieht man zunächst, daß $(u + bt)$ und $(u - bt)$ Faktoren der gegebenen Zahl A sind. Man hat also die Zahl A nur auf alle möglichen Arten in zwei Faktoren zu zerlegen und kann mit ihrer Hilfe t und u bestimmen. Unter all den Werten von t und u, die die einzelnen Faktorenpaare liefern, wählen wir die ganzzahligen t und u aus und kommen auf diese Weise zu allen ganzzahligen Lösungen der vorgelegten Gleichung.

[382] II. Ist $A = a^2$, so setzen wir $u = a + tz$; die Gleichung $A + Bt^2 = u^2$ wird dadurch zu

$$Bt^2 = 2atz + t^2z^2;$$

hebt man t weg und berechnet dann t, so erhält man:

$$t = \frac{2az}{B - z^2},$$

wo man für z jede beliebige Zahl nehmen kann. Sollen t und u ganzzahlig werden, so muß z ganzzahlig und so beschaffen sein, daß $2az$ durch $(B - z^2)$ teilbar wird. Man könnte zunächst $z = 0$ annehmen, woraus $t = 0$, $u = a$ folgen würde; aber um eine allgemeine Lösung zu erhalten, formt man die Gleichung $a^2 + Bt^2 = u^2$ in

$$Bt^2 = u^2 - a^2 = (u + a)(u - a)$$

um und ersieht daraus, daß $(u + a)$ und $(u - a)$ Faktoren von Bt^2 sind. Wir setzen $B = b \cdot \beta$, wo also b und β Faktoren von B werden; dann kann man t und u aus den Annahmen

$$u + a = bt, \quad u - a = \beta t$$

bestimmen; diese liefern

$$2a = (b - \beta)t, \quad t = \frac{2a}{b - \beta}.$$

Die vorgelegte Gleichung ist also, wenigstens nach dieser Methode, nur dann in ganzen Zahlen lösbar, wenn $2a$ durch $(b - \beta)$ teilbar ist. Ich sage: »nach dieser Methode«; denn es ist klar, daß die Annahme $u + a = bt$, $u - a = \beta t$ nicht allgemein ist, sondern daß man unter der Voraussetzung $t = p \cdot q$ auch

$$u + a = bp^2, \quad u - a = \beta q^2$$

setzen kann; daraus folgt

$$2a = bp^2 - \beta q^2,$$

eine Gleichung, die offenbar wieder unter den allgemeinen Fall von Nr. **1** gehört.

[**383**] Die besprochenen Methoden sind die einzigen, die man bisher besaß, Gleichungen von der Form $A + Bt^2 = u^2$ aufzulösen. Sie sind nur auf Fälle anwendbar, wo A oder B Quadrate sind; in allen anderen Fällen war man auf einfaches Probieren angewiesen, ein Verfahren, das nicht nur lang und

mühsam, sondern beinahe unausführbar ist, falls die gesuchten Größen nicht in endliche Grenzen eingeschlossen werden können. Dieser Fall tritt nur bei positivem A und negativem B ein; denn da u^2 ganz und positiv sein soll, so muß $Bt^2 < A$ und folglich $t < \sqrt{A : B}$ sein. Man hat also nur für t alle positiven Zahlen einzusetzen, die kleiner als $\sqrt{A : B}$ sind; die negativen einzusetzen ist unnötig, da die Quadrate einander entgegengesetzter Größen $+ t$ und $- t$ denselben Wert t^2 annehmen; dann hat man die Zahlen t auszuwählen, die $A - Bt^2$ zu einem Quadrate machen. Anders ist es bei positivem B, weil dabei t ins Unendliche wachsen kann. Und im allgemeinen wird, bei positivem wie bei negativem B, die Anzahl der nötigen Versuche unendlich groß werden, sobald man für die Lösung gebrochene Zahlen zuläßt. Das zeigt aufs deutlichste die Notwendigkeit, für diese Probleme Lösungsmethoden zu besitzen, wie wir sie im folgenden geben.

§ II. Auflösung der Gleichung $A = u^2 - Bt^2$, wenn u und t ganze oder gebrochene Zahlen sein können.

4. Wir nehmen an, u und t seien Brüche, die auf denselben Nenner gebracht und dabei durch möglichst kleine Zahlen ausgedrückt worden sind, so daß man $u = \frac{p}{r}$, $t = \frac{q}{r}$ hat, wo p, q, r keinen gemeinsamen Teiler besitzen. Dann geht die Gleichung

$$A + Bt^2 = u^2 \quad \text{oder} \quad A = u^2 - Bt^2$$

über in

$$Ar^2 = p^2 - Bq^2.$$

[384] Die Aufgabe ist also in die umgewandelt, ganze Zahlen p, q, r zu finden, die die letzte Gleichung befriedigen.

Wir können annehmen, daß weder A noch B einen quadratischen Faktor enthält. Wäre nämlich $A = a\varrho^2$, $B = b\omega^2$, so ginge die Gleichung in

$$a\varrho^2 r^2 = p^2 - b\omega^2 q^2$$

und diese für $\varrho r = m$, $\omega q = n$ in

$$am^2 = p^2 - bn^2$$

über, d. h. in eine Gleichung von derselben Form wie die obige.

Allgemein setzt man, statt $u = \frac{p}{r}$, $t = \frac{q}{r}$ zu nehmen, in diesem Falle $u = \frac{\varrho p}{r}$, $t = \frac{\varrho q}{\omega r}$; dann heben sich die quadratischen Faktoren ϱ^2, ω^2 durch Division fort. Es genügt also, die Gleichung $Ar^2 = p^2 - Bq^2$ unter der Annahme zu lösen, daß weder A noch B einen quadratischen Faktor enthält.

Wir setzen noch voraus, daß B nicht gleich 1, und weiter, daß nicht gleichzeitig $B = -1$, $A = 1$ sei. Denn einmal bieten diese Fälle keine Schwierigkeiten und außerdem werden wir gerade ihre Lösung später (Nr. **19**) behandeln.

Endlich nehmen wir an, daß $A > B$ sei.[2]) Denn

I. wäre $A < B$, so brauchte man nur die Glieder Ar^2 und Bq^2 miteinander zu vertauschen und A, B, r, q in B, A, q, r, zu verwandeln;

II. wäre $A = \pm B$, so müßte, da A keinen quadratischen Faktor enthält, p durch A teilbar sein, $p = As$; dividiert man dann die Gleichung durch A, so entsteht

$$r^2 = As^2 \pm q^2, \text{ d. h. } As^2 = r^2 \mp q^2.$$

[**385**] Diese Gleichung ist unter $Ar^2 = p^2 - Bq^2$ enthalten; man braucht hierin ja nur $B = \pm 1$ zu setzen und s, r für r, p zu schreiben. Gilt das obere Vorzeichen, so kommt man auf den in Nr. **19** behandelten Fall; und das Gleiche tritt beim unteren Vorzeichen ein, wenn $A = 1$ ist. Folglich können wir $A > 1$ und also $A > B$ voraussetzen[2]).

So ist die Lösung der vorgelegten Gleichung auf die einer Gleichung von der Form $Ar^2 = p^2 - Bq^2$ durch ganze Zahlen p, q, r zurückgeführt worden, in der A und B ganze Zahlen ohne quadratischen Faktor sind, von denen die erste, A, größer ist als die andere, B.

5. Es müssen p und q zueinander teilerfremd sein. Hätten sie nämlich einen gemeinsamen Teiler ϱ, so müßte Ar^2 durch ϱ^2 teilbar sein. Da $\frac{p}{r}$ und $\frac{q}{r}$ auf ihre kleinste Benennung gebracht sind, so haben p, q, r keinen gemeinsamen Teiler, und r ist nicht durch ϱ teilbar; hätten übrigens p, q und r einen gemeinsamen Teiler, so könnte man stets von ihm absehen, weil er durch Division wegfällt. Also müßte A durch ϱ^2 teilbar sein, was der Voraussetzung widerspricht, nach der A keinen quadratischen Faktor besitzt.

6. Nachdem dies gezeigt ist, behaupte ich, die Gleichung $Ar^2 = p^2 - Bq^2$ könne nur dann bestehen, wenn A Divisor einer Zahl von der Form $\alpha^2 - B$ ist, wo α eine ganze Zahl bedeutet; mit andern Worten, nur dann, wenn B der Rest bei der Division eines gewissen Quadrates durch A ist.[3]) Denn wenn man die vorgelegte Gleichung mit $(p_1^2 - Bq_1^2)$ multipliziert, so erhält man die Gleichung

$$Ar^2(p_1^2 - Bq_1^2) = (p^2 - Bq^2)(p_1^2 - Bq_1^2),$$

[386] deren rechte Seite in die Form gebracht werden kann

$$(pp_1 \pm Bqq_1)^2 - B(pq_1 \pm qp_1)^2,$$

wie man bei der Entwicklung beider Ausdrücke sieht. Nimmt man p_1 und q_1 ganzzahlig so an, daß $(pq_1 - qp_1) = \mp 1$ wird, was immer möglich ist, da p und q nach Nr. **5** teilerfremd sind (vgl. Nr. **7**), und setzt

$$pp_1 - Bqq_1 = \alpha,$$

so erhält man die Gleichung

$$Ar^2(p_1^2 - Bq_1^2) = \alpha^2 - B,$$

so daß A in der Tat ein Teiler von $(\alpha^2 - B)$ wird.

7. Um die Zahlen p_1 und q_1 zu finden, die der Bedingung

$$pq_1 - qp_1 = \pm 1$$

genügen, entwickelt man den Bruch $\frac{p}{q}$ in einen Kettenbruch. Aus ihm kann man bekanntlich eine Reihe von Näherungsbrüchen herleiten, die nach $\frac{p}{q}$ hin konvergieren und abwechselnd größer und kleiner als dieser Bruch sind (vgl. Nr. **29**); für p_1 nimmt man dann den Zähler und für q_1 den Nenner des Näherungsbruches, der unmittelbar $\frac{p}{q}$ vorausgeht; ist

$$\frac{p_1}{q_1} < \frac{p}{q}, \text{ so wird } pq_1 - qp_1 = 1;$$

ist dagegen

$$\frac{p_1}{q_1} > \frac{p}{q}, \quad \text{»} \quad \text{»} \quad pq_1 - qp_1 = -1.$$

8. Diese Methode führt zur Auflösung aller Gleichungen ersten Grades mit zwei Unbekannten, falls diese Unbekannten ganze Zahlen sein sollen. [387] Denn wenn die Gleichung

$$py - qx = r$$

vorgelegt ist, können wir p und q als teilerfremd annehmen; wäre nämlich ihr größter gemeinsamer Teiler ϱ, so müßte bei ganzzahligen x und y auch r durch ϱ teilbar sein. Dividiert man dann die Gleichung durch ϱ, so kommt eine Gleichung von derselben Form heraus, in der die neuen Koeffizienten p und q teilerfremd sind.

Bestimmt man nun p_1 und q_1 wie oben derart, daß

$$pq_1 - qp_1 = \pm 1$$

wird, so liefert die Multiplikation mit r

$$pq_1 \cdot r - qp_1 \cdot r = \pm r.$$

Wenn man diese Gleichung, je nachdem das obere oder das untere Vorzeichen gilt, von der gegebenen subtrahiert, oder sie zu ihr addiert, so folgt

$$p(y \mp rq_1) - q(x \mp rp_1) = 0,$$

$$\frac{x \mp rp_1}{y \mp rq_1} = \frac{p}{q}.$$

p und q sind teilerfremd, weil der Bruch $\frac{p}{q}$ auf seine kleinste Benennung gebracht worden ist; da x und y ganze Zahlen sind, so muß

$$x \mp rp_1 = mp, \quad y \mp rq_1 = mq$$

sein, wo m irgend eine ganze Zahl ist. Hieraus findet man schließlich

$$x = mp \pm rp_1, \quad y = mq \pm rq_1.$$

[388] Dies sind die allgemeinen Ausdrücke für alle ganzen Zahlen x und y, die der Gleichung

$$py - qx = r$$

genüge leisten. Um also ganz allgemein die Gleichung der vorigen Nummer

$$py - qx = \pm 1$$

zu befriedigen, setzt man $r = \pm 1$ und erhält

$$x = mp \pm p_1, \quad y = mq \pm q_1.$$

Hierbei können beliebig beide oberen oder beide unteren Vorzeichen genommen werden, und m ist eine willkürliche ganze Zahl.

9. Die Umformung, die wir in Nr. **6** gemacht haben,

$$(p^2 - Bq^2)(p_1^2 - Bq_1^2) = (pp_1 \pm Bqq_1)^2 - B(pq_1 \pm qp_1)^2,$$

ist sehr bemerkenswert. Wir werden von ihr im Verlaufe dieser Abhandlung häufig Gebrauch machen. Sie zeigt, daß das Produkt zweier Zahlen von der Form $(p^2 - Bq^2)$ in dieselbe Form gebracht werden kann, so daß auch das Produkt beliebig vieler solcher Zahlen wieder die gleiche Form besitzt. Man hat nämlich

$$(p^2 - Bq^2)(p_1^2 - Bq_1^2) = P^2 - BQ^2,$$
$$(p^2 - Bq^2)(p_1^2 - Bq_1^2)(p_2^2 - Bq_2^2) = P_1^2 - BQ_1^2,$$
$$\cdots\cdots\cdots\cdots\cdots\cdots\cdots$$

$$P = pp_1 \pm Bqq_1, \quad Q = pq_1 \pm qp_1,$$
$$P_1 = Pp_2 \pm BQq_2, \quad Q_1 = Pq_2 \pm Qp_2,$$
$$\cdots\cdots\cdots\cdots\cdots\cdots\cdots$$

wobei zu beachten ist, daß in P und Q das gleiche obere oder das gleiche untere Vorzeichen zu nehmen ist, ebenso in P_1 und Q_1, usf.

In derselben Weise hat man

$$(p^2 - Bq^2)^2 = P^2 - BQ^2,$$
$$(p^2 - Bq^2)^3 = P_1^2 - BQ_1^2,$$
$$\cdots\cdots\cdots\cdots\cdots$$

[**389**] wenn man

$$P = p^2 + Bq^2, \quad Q = 2pq,$$
$$P_1 = p^3 + 3Bpq^2, \quad Q_1 = 3p^2q + Bq^3,$$
$$\cdots\cdots\cdots\cdots\cdots\cdots\cdots$$

bezeichnet; und allgemein erhält man bei

$$(p^2 - Bq^2)^m = P^2 - BQ^2$$

für P und Q die Werte[4])

$$P = p^m + \binom{m}{2} p^{m-2} q^2 B + \binom{m}{4} p^{m-4} q^4 B^2 + \cdots,$$

$$Q = \binom{m}{1} p^{m-1} q + \binom{m}{3} p^{m-3} q^3 B + \binom{m}{5} p^{m-5} q^5 B^2 + \cdots,$$

oder auch [5])

$$P = \frac{(p + q\sqrt{B})^m + (p - q\sqrt{B})^m}{2},$$

$$Q = \frac{(p + q\sqrt{B})^m - (p - q\sqrt{B})^m}{2\sqrt{B}}$$

10. Wir haben in Nr. **6** bewiesen, daß die Gleichung

$$Ar^2 = p^2 - Bq^2$$

nur dann lösbar sein kann, wenn A Teiler einer Zahl von der Form $(\alpha^2 - B)$ ist. Sobald dies eintritt, kann man voraussetzen, jene Zahl α sei kleiner als die Hälfte von A. Ist nämlich a eine Zahl, für die $(a^2 - B)$ durch A teilbar ist, so wird einerseits für $\alpha = \mu A \pm a$, wo μ eine beliebige ganze Zahl bedeutet, auch $(\alpha^2 - B)$ durch A teilbar sein; andererseits kann man leicht μ und das Vorzeichen von a so bestimmen, daß $\alpha < \frac{1}{2}A$ wird. Gibt es also überhaupt eine Zahl a, für die $(a^2 - B)$ durch A teilbar ist, so gibt es auch eine von gleicher Eigenschaft, die kleiner als $\frac{1}{2}A$ ist.

[**390**] Hieraus schließt man, daß die Gleichung $Ar^2 = p^2 - Bq^2$ nur dann lösbar sein kann, wenn A der Divisor einer Zahl von der Form $(\alpha^2 - B)$ wird, wobei $\alpha < \frac{1}{2}A$ ist. Man setze also der Reihe nach für α alle natürlichen Zahlen von 1 bis $\frac{1}{2}A$ ein; wenn unter ihnen keine sich befindet, die der aufgestellten Bedingung entspricht, so ist dies ein Zeichen dafür, daß die vorgelegte Gleichung nicht durch rationale Zahlen gelöst werden kann.

Wir werden später (§ IV) direkte Mittel herleiten, durch die man erkennt, ob eine gegebene Zahl Teiler einer Zahl von der Form $(\alpha^2 - B)$ bei gegebenem B ist; hier genügt es, zu wissen, daß man stets durch einfache Versuche die Entscheidung darüber herbeiführen kann.

Übrigens bemerken wir, um jeden Zweifel auszuschließen, daß, wenn wir sagen, α soll $< \frac{1}{2}A$ sein, wir dabei α und A positiv genommen denken, trotzdem beide Zahlen positiv und negativ sein können; bei dieser Vergleichung der Zahlen α und A kommt also nur ihr absoluter Wert in Betracht. [2])

11. Wir nehmen jetzt die Gleichung

$$\text{(A)} \qquad Ar^2 = p^2 - Bq^2$$

wieder auf und setzen voraus, man hätte eine Zahl α gefunden, die, abgesehen von den Vorzeichen von α und A, kleiner als

$\frac{1}{2}A$ und so beschaffen ist, daß $(\alpha^2 - B)$ durch A teilbar wird. Der Quotient der Division von $(\alpha^2 - B)$ durch A heiße A_1; dann hat man die Gleichung

$$AA_1 = \alpha^2 - B.$$

Jetzt sei $\alpha_1 = \mu_1 A_1 \pm \alpha$, wobei unter μ_1 eine beliebige ganze Zahl verstanden wird. Diese Zahl μ_1 und und das Vorzeichen von α wählen wir so, daß, abgesehen von den Zeichen, $\alpha_1 < \frac{1}{2}A_1$ ist (Nr. **10**). Dann wird, da $\alpha^2 - B$ durch A_1 teilbar ist, auch $\alpha_1^2 - B$ durch A_1 teilbar. Bezeichnen wir den Quotienten dieser Division mit A_2, so hat man, der vorigen Gleichung analog, eine zweite Gleichung

$$A_1 A_2 = \alpha_1^2 - B.$$

[**391**] Nimmt man ebenso $\alpha_2 = \mu_2 A_2 \pm \alpha_1$ und wählt μ_2 und das Vorzeichen von α_1 so, daß $\alpha_2 < \frac{1}{2}A_2$ wird, wenn man auch hier die Zahlen α_2 und A_2 als positiv ansieht, so wird $\alpha_2^2 - B$ durch A_1 teilbar. Bezeichnet man den Quotienten dieser Division mit A_3, so erhält man eine dritte Gleichung

$$A_2 A_3 = \alpha_2^2 - B, \text{ usf.}$$

12. Auf diese Art kann man eine Reihe von Gleichungen

$$\text{(a)}\quad AA_1 = \alpha^2 - B;\quad A_1A_2 = \alpha_1^2 - B;\quad A_2A_3 = \alpha_2^2 - B; \cdots$$

bestimmen. Für sie wird, wenn man die Zahlen $\alpha, \alpha_1, \alpha_2, \cdots$; $A, A_1, A_2, \cdots$ positiv nimmt, $\alpha < \frac{1}{2}A$, $\alpha_1 < \frac{1}{2}A_1$, $\alpha_2 < \frac{1}{2}A_2, \cdots$.

Ich behaupte, daß die Zahlen $A, A_1, A_2, A_3, \cdots$ so lange eine abnehmende Reihe bilden, bis man zu einem Gliede A_n kommt, welches $\leqq B$ wird; dabei soll wieder von den Vorzeichen von A_n und B abgesehen werden. Um diese Behauptung zu rechtfertigen, wollen wir die beiden Fälle unterscheiden, B positiv, oder B negativ.

13. Wir nehmen zunächst B positiv an; dann ist klar, daß A positiv oder negativ sein kann.

I. Es sei A positiv und $\alpha^2 > B$; dann ist offenbar auch A_1 positiv. Da $\alpha < \frac{1}{2}A$ ist, so ist auch $\alpha^2 < \frac{1}{4}A^2$ und um so mehr

$$\alpha^2 - B < \tfrac{1}{4}A^2;$$

daher ist $AA_1 < \frac{1}{4}A^2$ und, da A und A_1 positiv sind, $A_1 < \frac{1}{4}A$.

[392] In gleicher Weise folgt, da A_1 positiv ist, daß bei $\alpha_1^2 > B$ auch A_2 positiv wird, und man schließt wie soeben, daß $A_2 < \frac{1}{4}A_1$ ist usw., so lange, bis man auf eine Gleichung

$$A_n \cdot A_{n+1} = \alpha_n^2 - B$$

kommt, in der α_n^2 nicht mehr $> B$ ist. Da $\alpha < \frac{1}{2}A$, $A_1 < \frac{1}{4}A$; $\alpha_1 < \frac{1}{2}A_1$, $A_2 < \frac{1}{4}A_1$; $\cdots$ ist, so leuchtet ein, daß die Zahlen $A, A_1, A_2, \cdots$ ebenso wie die Zahlen $\alpha, \alpha_1, \alpha_2, \cdots$ so lange abnehmen, bis man zu einer Gleichung

$$A_n \cdot A_{n+1} = \alpha_n^2 - B$$

kommt, in der $\alpha_n^2 \leqq B$ ist. Weil B kein Quadrat und (Nr. 4) auch nicht gleich der Einheit ist, so ist $\alpha_n^2 = B$ unmöglich; also muß $\alpha_n^2 < B$ sein. Folglich wird $(B - \alpha_n^2)$ eine Zahl, die kleiner als B, oder, bei $\alpha_n = 0$, höchstens $= B$ ist. Da A_n ein Teiler von $(B - \alpha_n^2)$ ist, so wird A_n notwendigerweise kleiner als B oder höchstens gleich B werden.

II. Es sei A negativ und gleich $(-a)$, so daß a eine positive Zahl bedeutet; ferner sei $\alpha^2 > B$; dann wird offenbar A_1 negativ. Betrachtet man α als positiv, so wird, da der Annahme nach $\alpha < \frac{1}{2}a$ ist, $\alpha^2 - B < \frac{a^2}{4}$; setzt man dann $A_1 = -a_1$ (bei positivem a_1), so wird auch $aa_1 < \frac{1}{4}a^2$ und folglich $a_1 < \frac{1}{4}a$.

Ebenso ergibt sich bei $\alpha_1^2 > B$, daß A_2 negativ wird; und wenn man $A_2 = -a_2$ setzt, wo a_2 positiv ist, daß $\alpha_1 < \frac{1}{2}a_1$ und $a_2 < \frac{1}{4}a_1$ wird, usw. Auf diese Weise zeigt man wie oben, daß die Zahlen $a, a_1, a_2, \cdots$ und ebenso die Zahlen $\alpha, \alpha_1, \alpha_2, \cdots$ abnehmen, bis man zu einem a_n kommt, welches kleiner als B oder höchstens gleich B ist.

14. Wir nehmen zweitens B als negative Zahl $= (-b)$, wo b positiv ist. In diesem Falle ergibt sich, daß alle Zahlen $A, A_1, A_2, \cdots$ positiv sind; aus den Gleichungen (A) und (a) folgt nämlich:

$$Ar^2 = p^2 + bq^2, \quad AA_1 = \alpha^2 + b, \quad A_1A_2 = \alpha_1^2 + b, \quad \cdots.$$

[393] Ist nun $A > b$, so gibt die Gleichung $AA_1 = \alpha^2 + b$ sofort $AA_1 < \frac{1}{4}A^2 + A$ wegen $b < A$ (Nr. 4) und $\alpha < \frac{1}{2}A$; aus dieser Gleichung folgt

$$A_1 < \tfrac{1}{4}A + 1.$$

Ebenso schließt man, wenn noch $A_1 > b$ ist, aus der Gleichung $A_1 A_2 = \alpha_1^2 + b$ wegen $\alpha_1 < \frac{1}{2} A_1$, sofort $A_1 A_2 < \frac{1}{4} A_1^2 + A_1$ und dann

$$A_2 < \tfrac{1}{4} A_1 + 1,$$

usf. Hieraus ersieht man, daß die Zahlen $A, A_1, A_2, \cdots$ so lange abnehmen, bis man zu einem Gliede A_n kommt, das $= b$ oder $< b$ ist.

Für $b = 1$ gelangt man notwendig zu einem Gliede $A_n = 1$; denn da die Zahlen $A, A_1, A_2, \cdots$ wegen der Gleichungen $AA_1 = \alpha^2 + b$, $A_1 A_2 = \alpha_1^2 + b, \cdots$ niemals Null werden können, so kann A_n nicht < 1, sondern muß $= 1$ sein.

15. Man kann sonach die Reihe $A, A_1, A_2, \cdots$ bis zu einem Gliede fortsetzen, das $\leqq B$ ist. Für unsere Zwecke darf man bei einem früheren Gliede halt machen, auch wenn dies noch größer ist als B, falls es nur entweder selbst ein Quadrat oder das Vielfache eines Quadrates ist, und der größte nichtquadratische Faktor dieses Gliedes $\leqq B$ bleibt. Allgemein setzen wir voraus, daß die Reihe $A, A_1, A_2, \cdots$ bis zu einem Gliede A_n fortgesetzt werde, das die Form $a^2 C$ hat, wo a eine beliebige Zahl bedeutet, und C eine solche, die weder ein Quadrat noch das Vielfache eines solchen ist, und die zugleich $\leqq B$ ist, wobei von den Vorzeichen von B und C abgesehen wird. Ist also z. B. $B = -1$, so muß man $C = 1$ setzen.

16. Nachdem dies festgelegt ist, multiplizieren wir alle Gleichungen (a) aus Nr. **12** bis zu der Gleichung

$$A_{n-1} A_n = \alpha_{n-1}^2 - B$$

miteinander [**394**]. Dann bekommen wir eine Gleichung, deren linke Seite $(AA_1^2 A_2^2 \cdots A_{n-1}^2 A_n)$ ist, und deren rechte Seite nach Nr. **9** die Form $(P^2 - BQ^2)$ besitzt; wegen $A_n = a^2 C$ hat die Gleichung die Gestalt

$$CA \cdot (A_1 A_2 \cdots A_{n-1} a)^2 = P^2 - BQ^2;$$

multipliziert man diese letzte noch mit (A) Nr. **11**, so entsteht

$$C \cdot (AA_1 A_2 \cdots A_{n-1} ar)^2 = p_1^2 - Br_1^2,$$

und wenn wir die Klammer auf der linken Seite $= q_1$ setzen,

$$Cq_1^2 = p_1^2 - Br_1^2,$$

(B) $$Br_1^2 = p_1^2 - Cq_1^2.$$

Hieraus sieht man, daß, wenn (A) lösbar ist, auch (B) es sein wird.

Umgekehrt kann man aus der Lösbarkeit der Gleichung (B) auf die der Gleichung (A) schließen. Bringt man nämlich (B) in die Form

$$Cq_1^2 = p_1^2 - Br_1^2$$

und multipliziert diese Gleichung mit dem Produkte aller Gleichungen (a) aus Nr. **12**, so kommt man wegen $A_n = a^2 C$ auf das Resultat

$$A(A_1 A_2 \cdots A_{n-1} Ca)^2 q_1^2 = p^2 - Bq^2$$

und erhält für $A_1 A_2 \cdots A_{n-1} Caq_1 = r$ schließlich

$$Ar^2 = p^2 - Bq^2.$$

Dies ist gerade die Gleichung (A), deren Lösbarkeit behauptet wurde.

So ist die Auflösung der Gleichung (A) auf die der Gleichung (B) zurückgeführt. In ihr ist $B < A$ und $C \leqq B$, und deshalb ist (B) einfacher als (A).

[**395**] Bei $C = 1$ tritt die Gleichung (B) schon in der Form auf, die wir in Nr. **19** lösen werden; daher können wir bei positivem C annehmen, daß es noch größer als 1 ist.

In der Folge werden wir die Gleichungen (A), (B), $\cdots$ und die übrigen, ihnen analogen als Hauptgleichungen bezeichnen; die Gleichungen (a) dagegen und die, diesen ähnlichen, auf die man noch stoßen kann, als Nebengleichungen. So nennen wir die Gleichung (A) die erste Hauptgleichung, die Gleichung (B) die zweite Hauptgleichung und ebenso weiter; ferner nennen wir die Gleichungen (a) die erste Reihe der Nebengleichungen usf.

17. Da die Gleichung

$$Br_1^2 = p_1^2 - Cq_1^2$$

ähnlich gebildet ist, wie die Gleichung

$$Ar^2 = p^2 - Bq^2,$$

so können wir jene auf dieselbe Art behandeln, wie diese. Wenn nämlich $B = \pm C$ ist, muß p_1 auch durch B teilbar sein, so daß man für $p_1 = Bs_1$ die Gleichung

$$r_1^2 = Bs_1^2 \mp q_1^2,$$
$$Bs_1^2 = r_1^2 \pm q_1^2$$

erhält. Gilt das untere Vorzeichen, so steht die Gleichung schon unter dem Falle der Nr. **19**. Gilt das obere Zeichen, so steht sie, weil der Voraussetzung nach $B > 1$ ist, unter der allgemeinen Form

$$Br_1^2 = p_1^2 - Cq_1^2$$

mit $B > C$. Man hat daher diese Gleichung aufzulösen. Auch in ihr haben weder B noch C einen quadratischen Faktor, und es ist wieder $C < B$.

[**396**] Man beginnt also von neuem damit, eine Zahl $\beta < \frac{1}{2}B$ zu suchen, (indem man β und B als positiv ansieht), für die $(\beta^2 - C)$ durch B teilbar ist; gibt es keine, dieser Bedingung genügende Zahl, so ist das ein Zeichen dafür, daß die Gleichung

$$Br_1^2 = p_1^2 - Cq_1^2$$

keine rationale Lösung hat und folglich ebensowenig die vorgelegte. Ich setze aber voraus, daß man eine derartige Zahl β gefunden habe; dann kann man, falls der Quotient der Division von $(\beta^2 - C)$ durch B mit B_1 bezeichnet wird, die folgende zweite Reihe von Nebengleichungen aufstellen

$$\text{(b)}\quad BB_1 = \beta^2 - C;\quad B_1B_2 = \beta_1^2 - C;\quad B_2B_3 = \beta_2^2 - C; \cdots.$$

In ihr bilden die Zahlen $B, B_1, B_2, \cdots$ eine abnehmende Reihe, die man so weit fortzusetzen hat, bis man zu einem Gliede von der Form b^2D kommt, wobei D gleich oder kleiner als C ist (abgesehen von den Vorzeichen von C und D); zu einem solchen Gliede D kommt man notwendig, wie wir oben bewiesen haben; und mit Hilfe dieser Gleichungen gelangt man nach dem Verfahren von Nr. **16** zu einer neuen Gleichung von der Form

$$\text{(C)}\qquad Cr_2^2 = p_2^2 - Dq_2^2,$$

deren Lösbarkeit von der der Gleichung

$$Br_1^2 = p_1^2 - Cq_1^2$$

abhängt und umgekehrt. Ist also (C) gelöst, so kann man, rückwärts aufsteigend, auch die vorgelegte Gleichung (A) auflösen.

18. Setzen wir dieses Verfahren fort, so kommen wir auf folgende Reihe von Hauptgleichungen

$$Ar^2 = p^2 - Bq^2,\quad Br_1^2 = p_1^2 - Cq_1^2,\quad Cr_2^2 = p_2^2 - Dq_2^2,$$
$$Dr_3^2 = p_3^2 - Eq_3^2,\ \cdots,$$

[**397**] in denen die Zahlen $A, B, C, \cdots$ so lange eine abnehmende Reihe bilden, bis man zu einem Gliede gelangt, das gleich der

positiven oder gleich der negativen Einheit ist; denn da diese Zahlen der Voraussetzung nach weder Quadrate noch Vielfache von Quadraten sind, so ist es unmöglich, zu einem Gliede 0 zu kommen, ohne vorher das Glied 1 angetroffen zu haben. Hätte man nämlich z. B. $E = 0$, so würde $Dr_3^2 = p_3^2$, und es müßte $D = 1$ sein. Weil die Glieder A, B, C, .. kleiner und kleiner werden, gelangt man offenbar zu einem Gliede $+1$ oder -1.

Ist nun z. B. $E = +1$, so nimmt die letzte Hauptgleichung, nämlich

$$Dr_3^2 = p_3^2 - q_3^2$$

die gewünschte Form

$$Vz^2 = x^2 - y^2$$

an. Wenn dagegen $E = -1$ ist, kann man die eben beschriebenen Operationen noch fortsetzen und gelangt zu einer neuen Hauptgleichung

$$Er_4^2 = p_4^2 - Fq_4^2,$$

in der, wegen $E = +1$, notwendig (Nr. 15) $F = 1$ ist. In diesem Fall ist die letzte Hauptgleichung von der Form

$$-z^2 = x^2 - y^2,$$

und diese steht wieder unter der obigen Form $Vz^2 = x^2 - y^2$, wenn $V = -1$ gesetzt wird.

Wir haben bewiesen, daß wenn die Gleichung

$$Ar^2 = p^2 - Bq^2$$

lösbar ist, die Gleichungen

$$Br_1^2 = p_1^2 - Cq_1^2, \quad Cr_2^2 = p_2^2 - Dq_2^2, \quad ..$$

es auch sein müssen, und daß umgekehrt aus der Lösbarkeit einer unter ihnen die Lösbarkeit aller früheren erschlossen werden kann (Nr. 16). Folglich reduziert sich die Frage nach der Lösbarkeit der Gleichung

$$Ar^2 = p^2 - Bq^3$$

immer auf die nach der Lösbarkeit einer Gleichung von der Form

$$Vz^2 = x^2 - y^2,$$

wobei V eine gegebene Zahl ist.

[398] **19.** Diese Gleichung

$$Vz^2 = x^2 - y^2$$

ist leicht nach der Methode von Nr. **3** selbst zu lösen. Um aber für x, y, z keine gebrochenen Ausdrücke zu erhalten, bezeichnen wir $x + y = \xi$, $x - y = \psi$ und erhalten $Vz^2 = \xi\psi$ und $\psi = \frac{Vz^2}{\xi}$; es muß also Vz^2 durch ξ teilbar sein. Es sei M der größte gemeinsame Teiler von V und ξ, so daß man $V = MN$ und $\xi = M\varrho$ setzen kann, wobei ϱ und N teilerfremd sind; dann hat man $\psi = \frac{Nz^2}{\varrho}$; also wird $z^2 = \varrho\sigma$ und folglich $\xi = M\varrho$, $\psi = N\sigma$, wobei M und N irgend zwei Faktoren von V sind*). Ist l der größte gemeinsame Teiler von ϱ und σ, so können, da $\varrho\sigma$ ein Quadrat ist, ϱ und σ nur die Formen haben $\varrho = lm^2$, $\sigma = ln^2$; hier sind l, m, n irgend welche Zahlen. So hat man

$$z^2 = l^2m^2n^2, \quad \xi = x + y = Mlm^2, \quad \psi = x - y = Nln^2;$$

daher wird

$$z = lmn, \quad x = \tfrac{1}{2}l(Mm^2 + Nn^2), \quad y = \tfrac{1}{2}l(Mm^2 - Nn^2).$$

Es ist nutzlos, x, y, z mit einem gemeinsamen Faktor behaftet zu lassen; denn aus der Gleichung

$$Vz^2 = x^2 - y^2$$

ist ersichtlich, daß man x, y, z ganz nach Willkür mit jeder ganzen Zahl multiplizieren darf; deshalb wird man der Einfachheit halber $l = 1$, oder auch wohl, um den Nenner 2 von x und y zum Verschwinden zu bringen, $l = 2$ annehmen. So erhält man allgemein

$$x = Mm^2 + Nn^2, \quad y = Mm^2 - Nn^2, \quad z = 2mn;$$

hierbei sind m, n zwei beliebige ganze Zahlen und M und N zwei solche Teiler von V, daß $MN = V$ wird. [**399**] Hat V mehrere Faktoren (unter denen stets die Einheit mitzurechnen ist), so erhält man soviel verschiedene Ausdrücke für x, y, z als es verschiedene Zerlegungen von V in zwei Faktoren gibt.

---

*) deren Produkt $= V$ ist. N.

Beispiele.

20. Wir wenden unsere Methode auf einige Beispiele an. Beispiel I. Zur Auflösung sei die Gleichung

$$109 = u^2 - 7t^2$$

vorgelegt. Tragen wir in ihr $\frac{p}{r}$ statt u und $\frac{q}{r}$ statt t ein, so entsteht

(A) $$109 \cdot r^2 = p^2 - 7 \cdot q^2,$$

so daß $A = 109$, $B = 7$ wird; denn da diese beiden Zahlen keinen quadratischen Faktor haben, so braucht keine Reduktion vorgenommen zu werden.

Jetzt brauchen wir eine ganze Zahl α, die kleiner als $\frac{109}{2}$ und so beschaffen ist, daß $(\alpha^2 - 7)$ durch 109 teilbar wird. Aber statt der Reihe nach alle natürlichen Zahlen, die kleiner als 54 sind, einem Versuche zu unterwerfen, ist es bei weitem bequemer, ein Vielfaches von 109 zu suchen, das die Form $(\alpha^2 - 7)$ hat, d. h. das um 7 vermehrt ein Quadrat wird.

Es möge daran erinnert werden, daß in der Gleichung

$$AA_1 = \alpha^2 - B,$$

die befriedigt werden muß, $A_1 < \frac{1}{4}A$ ist, wenn B positiv, und $A_1 < \frac{1}{4}A + 1$, wenn B negativ ist (Nr. **13** und Nr. **14**). Man braucht also für A_1 nur die sämtlichen natürlichen Zahlen, die $< \frac{1}{4}A + 1$ sind, einzusetzen. Diese nimmt man positiv oder negativ, je nachdem A positiv oder negativ ist (ebenda). Findet sich kein A_1 unter ihnen, für das $(AA_1 + B)$ zu einem Quadrate wird, so ist dies ein Kennzeichen dafür, daß das Problem keine rationale Lösung zuläßt.

[**400**] In ähnlicher Weise verfährt man mit den übrigen Bedingungsgleichungen

$$BB_1 = \beta^2 - C, \quad CC_1 = \gamma^2 - D, \cdots,$$

in denen auch

$$B_1 < \tfrac{1}{4}C + 1, \quad C_1 < \tfrac{1}{4}D + 1, \cdots$$

zu setzen ist.

In unserem vorgelegten Beispiele findet man sofort $2 \cdot 109 + 7 = 225$, so daß man $A_1 = 2$, $\alpha = 15$ hat; und da A_1 schon $< B$ ist, so reduziert sich die erste Reihe der Nebengleichungen auf (Nr. **12**) die eine Gleichung

(a) $$109 \cdot 2 = 15^2 - 7.$$

Man findet folglich (Nr. **15**) $C = 2$, so daß die zweite Hauptgleichung

(B) $$7 r_1^2 = p_1^2 - 2 q_1^2$$

lautet. Jetzt hat man der Gleichung

$$BB_1 = \beta^2 - C \quad \text{d. h.} \quad 7 B_1 = \beta^2 - 2$$

zu genügen, wo $\beta < \frac{7}{2}$ sein muß. Es ergibt sich $\beta = 3$, $B_1 = 1$; und da B_1 schon $< C$ ist, so reduziert sich die zweite Reihe von Nebengleichungen, die wir (Nr. **17**) durch (b) bezeichnet haben, auf die eine Gleichung

(b) $$7 \cdot 1 = 3^2 - 2.$$

Folglich wird $D = 1$, und die dritte Hauptgleichung heißt

(C) $$2 r_2^2 = p_2^2 - q_2^2.$$

Sie fällt schon, wie man sieht, unter Nr. **19**. Wir vergleichen sie also mit

$$V z^2 = x^2 - y^2,$$

wo $V = 2$, $x = p_2$, $y = q_2$, $z = r_2$ ist. Dabei wird $M = 1$, $N = 2$, folglich

$$p_2 = m^2 + 2n^2, \quad q_2 = m^2 - 2n^2, \quad r_2 = 2mn.$$

Man hat nur noch nach der Methode von Nr. **16** von der Gleichung (C) zur Gleichung (B) und von dieser zur vorgelegten Gleichung (A) aufzusteigen.

[**401**] Man schreibt also (C) in der Form

$$q_2^2 = p_2^2 - r_2^2$$

und multipliziert mit der Gleichung (b). Hätte es mehrere Nebengleichungen (b) gegeben, so würden sie sämmtlich mit (C) multipliziert werden müssen. Nach den Formeln von Nr. **9** hat man die Gleichung

$$7 q_2^2 = (3 p_2 \pm 2 r_2)^2 - 2(3 r_2 \pm p_2)^2;$$

diese liefert, mit (B) verglichen,

$$p_1 = 3 p_2 \pm 2 r_2, \quad q_1 = 3 r_2 \pm p_2, \quad r_1 = q_2;$$

die Zeichen können hier nach Willkür genommen werden*).

---

*) d. h. entweder beidemale das obere, oder beidemale das untere Zeichen. *N.*

Wir schreiben ferner (B) in der Form

$$2q_1^2 = p_1^2 - 7r_1^2$$

und multiplizieren diese Gleichung mit (a), was uns auf

$$109 \cdot 4q_1^2 = (15p_1 \pm 7r_1)^2 - 7(15r_1 \pm p_1)^2$$

führt. Stellen wir diese Gleichung mit der Gleichung (A) zusammen, so ergibt sich schließlich

$$p = 15p_1 \pm 7r_1, \quad q = 15r_1 \pm p_1, \quad r = 2q_1,$$

so daß hierin nur noch die Werte von p_1, q_1, r_1 und dann die von p_2, q_2, r_2 einzutragen sind.

Sind dadurch die Werte von p, q, r gefunden, so hat man $u = \frac{p}{r}$ und $t = \frac{q}{r}$ und die vorgelegte Gleichung

$$109 = u^2 - 7t^2$$

ist gelöst.

Beispiel II. Jetzt sei zur Auflösung die folgende Gleichung vorgelegt

$$-207 = u^2 - 13t^2.$$

Da die Zahl 207 durch 9 teilbar ist, so setze ich (Nr. 4) $u = \frac{3p}{r}$, $t = \frac{3q}{r}$ und erhalte die Gleichung

$$\text{(A)} \qquad -23r^2 = p^2 - 13q^2.$$

[402] Verfolgt man nun denselben Weg wie im vorhergehenden Beispiele und bezeichnet die analogen Gleichungen durch dieselben Buchstaben, so findet man folgende Gleichungen

$$\text{(a)} \qquad -23(-1) = 6^2 - 13,$$

$$\text{(B)} \qquad 13r_1^2 = p_1^2 + q_1^2,$$

$$\text{(b)} \qquad \begin{cases} 13 \cdot 2 = 5^2 + 1, \\ 2 \cdot 1 = 1^2 + 1, \end{cases}$$

$$\text{(C)} \qquad -r_2^2 = p_2^2 - q_2^2,$$

deren letzte, wie man sieht, unter Nr. **19** fällt. Man hat daher $p_2 = x$, $q_2 = y$, $r_2 = z$ und $V = -1$; also wird $M = 1$, $N = -1$, somit

$$p_2 = m^2 - n^2, \quad q_2 = m^2 + n^2, \quad r_2 = 2mn.$$

Dieselbe Gleichung (C) wird jetzt auf die Form der Gleichungen (b) gebracht, indem man die Glieder r_2^2 und q_2^2 umstellt, so daß $q_2^2 = p_2^2 + r_2^2$ entsteht. Man multipliziert nun diese Gleichung mit den beiden Gleichungen b. Hierzu bildet man zunächst das Produkt der beiden, nämlich $13 \cdot 4 = (5 \mp 1)^2 + (5 \pm 1)^2$ oder einfach $13 \cdot 4 = 6^2 + 4^2$ und, durch 4 dividiert, $13 = 3^2 + 2^2$. Multipliziert man $q_2^2 = p_2^2 + r_2^2$ mit dieser letzten Gleichung und vergleicht das Produkt mit der Gleichung (B), so findet man

$$p_1 = 3p_2 \pm 2r_2, \quad q_1 = 3r_2 \mp 2p_2, \quad r_1 = q_2.$$

Nun vertauscht man das erste mit dem letzten Glied der Gleichung B, um die Form der Gleichung a zu erhalten, und multipliziert mit dieser Gleichung; dabei entsteht eine, der Gleichung (A) entsprechend geformte, und aus dieser erhält man endlich

$$p = 6p_1 \pm 13r_1, \quad q = 6r_1 \mp p_1, \quad r = q_1.$$

Hierdurch ist die vorgelegte Gleichung gelöst.

[**403**] Beispiel III. Die vorgelegte Gleichung sei

$$51 = u^2 - 7t^2;$$

da 51 und 7 keinen quadratischen Faktor enthalten, so macht man $u = \frac{p}{r}$, $t = \frac{q}{r}$ und erhalt

$$51r^2 = p^2 - 7q^2.$$

Nun muß man zunächst die Gleichung

$$51 A_1 = \alpha^2 - 7$$

zu befriedigen suchen, indem man für A_1 alle natürlichen Zahlen bis $\frac{1}{4} \cdot 51 + 1$, d. h. bis 13 einsetzt; man findet hierunter keine, bei der das um 7 vermehrte Vielfache von 51 ein Quadrat würde. Hieraus folgt, daß die vorgelegte Gleichung keine rationale Lösung besitzt.

Beispiel IV. Die vorgelegte Gleichung sei jetzt

$$1459 = u^2 - 30t^2.$$

Da 1459 eine Primzahl ist, so setzt man $u = \frac{p}{r}$, $t = \frac{q}{r}$ und erlangt dadurch die Gleichung:

$$\text{(A)} \qquad 1459 \cdot r^2 = p^2 - 30q^2.$$

Hier ist $1459 = A$, $30 = B$, und man muß zunächst eine Zahl $\alpha < \frac{1459}{2}$ aufsuchen, für die $\alpha^2 - 30$ durch 1459 teilbar wird, oder auch eine Zahl $A_1 < \frac{1459}{4}$, für die $1459\,A_1 - 30$ ein Quadrat wird. Es ist dies im ersten Beispiele dargelegt.

Nach einigen Versuchen habe ich $A_1 = 241$ und $a = 593$ gefunden. Mit Hilfe dieser Werte bilde ich die erste Reihe von Nebengleichungen (Nr. **12**)

$$\text{(a)} \quad \begin{cases} 1459 \cdot 241 = 593^2 - 30; \quad 241 \cdot 51 = 111^2 - 30; \\ \qquad\qquad 51 \cdot 1 = 9^2 - 30. \end{cases}$$

Da $1 < 30$ ist, so nimmt man (Nr. **15**) $C = 1$ und kommt so zu der zweiten Hauptgleichung

$$\text{(B)} \qquad 30 r_1^2 = p_1^2 - q_1^2;$$

sie gehört schon, wie man sieht, zum Fall der Nr. **19**.

[**404**] Wir haben also $p_1 = x$, $q_1 = y$, $r_1 = z$ und $30 = V$. Da $30 = 2 \cdot 3 \cdot 5$ ist, so tritt eine der folgenden vier Zerlegungen ein: $M = 1$, $N = 30$; oder $M = 2$, $N = 15$; oder $M = 3$, $N = 10$; oder $M = 5$, $N = 6$; sonach ergibt sich entweder

$$p_1 = m^2 + 30n^2, \quad q_1 = m^2 - 30n^2, \quad r_1 = 2mn,$$

oder

$$p_1 = 2m^2 + 15n^2, \quad q_1 = 2m^2 - 15n^2, \quad r_1 = 2mn,$$

oder

$$p_1 = 3m^2 + 10n^2, \quad q_1 = 3m^2 - 10n^2, \quad r_1 = 2mn,$$

oder endlich

$$p_1 = 5m^2 + 6n^2, \quad q_1 = 5m^2 - 6n^2, \quad r_1 = 2mn.$$

Sind p_1, q_1, r_1 bekannt, so bringen wir (B) in die Form

$$q_1^2 = p_1^2 - 30 r_1^2$$

und multiplizieren diese Gleichung der Reihe nach mit jeder der Gleichungen (a). Um diese Operation bequem durchführen zu können, multiplizieren wir zuerst die beiden letzten Gleichungen (a) miteinander und erhalten, wenn der Abkürzung wegen $\mu = 9 \cdot 111 \pm 30$, $\nu = 111 \pm 9$ gesetzt wird,

$$241 \cdot 51^2 = \mu^2 - 3\nu^2.$$

Dieses Resultat wird mit der ersten der Gleichungen (a) multipliziert. Setzt man $\mu_1 = 593 \cdot \mu \pm 30 \cdot \nu$, $\nu_1 = 593 \cdot \nu \pm \mu$, so folgt

$$1459\,(241 \cdot 51)^2 = \mu_1^2 - 30 \nu_1^2;$$

diese Gleichung liefert, mit

$$q_1^2 = p_1^2 - 30 r_1^2$$

multipliziert,

$$1459(241 \cdot 51 \cdot q_1)^2 = (\mu_1 p_1 \pm 30 \cdot \nu_1 r_1)^2 - (\mu_1 r_1 \pm \nu_1 p_1)^2$$

[**405**] und dadurch die Lösungen der Gleichung (A) in der Form

$$p = \mu_1 p_1 \pm 30 \cdot \nu_1 r_1, \quad q = \mu_1 r_1 \pm \nu_1 p_1, \quad r = 241 \cdot 51 \cdot q_1.$$

Beispiel V. Hätte man die Gleichung

$$23 = u^2 + 5t^2,$$

so wäre auch hier $u = \frac{p}{r}$ und $t = \frac{q}{r}$ zu setzen, woraus folgen würde

(A) $$23 \cdot r^2 = p^2 + 5 \cdot q^2.$$

Verfährt man ebenso wie früher, so kommt man zu den Gleichungen

(a) $$23 \cdot 3 = 8^2 + 5,$$

(B) $$-5 \cdot r_1^2 = p_1^2 - 3 \cdot q_1^2;$$

jetzt müßte man der Gleichung

$$-5B_1 = \beta^2 - 3$$

durch eine Zahl $-B_1$ genügen, die $< \frac{1}{4} \cdot 5 + 1$ ist, d. h. durch $B_1 = -1$ oder $B_1 = -2$.

Da aber weder bei dem einen noch bei dem anderen dieser beiden Werte das um 3 vermehrte Fünffache ein Quadrat gibt, so schließt man, daß die vorgelegte Gleichung keine rationale Lösung zuläßt. Obwohl also die Zahl 23 Teiler von unendlich vielen Zahlen der Form $p^2 + 5q^2$ ist, kann doch der Wert des entstehenden Quotienten niemals ein Quadrat sein.

21. Diese Beispiele mögen ausreichen, Wesen und Gebrauch unserer Methode darzulegen. Wir untersuchen jetzt die Mittel, ganzzahlige Lösungen zu erhalten. Denn obwohl die nach der bisher besprochenen Methode gelieferten Lösungen allgemein sind, mithin alle ganzen und alle gebrochenen Zahlen ergeben, die der Gleichung $A = u^2 - Bt^2$ genügen, [**406**] so ist es doch, da die allgemeinen Werte von t und u immer unter gebrochener Form auftreten, oft schwierig und fast unmöglich, die ganzzahligen Werte unter ihnen zu bestimmen. Um also in dieser Frage nichts unerledigt zu lassen, ist eine Sondermethode für die Auflösung der Gleichung $A = u^2 - Bt^2$ nötig, in der u und t nur ganze Zahlen sein dürfen.

§ III. Auflösung der Gleichung $A = u^2 - Bt^2$, falls u und t ganze Zahlen sein sollen.

22. Zunächst bemerke ich, daß wenn A keinen quadratischen Faktor enthält, die Zahlen u und t teilerfremd sind, denn hätten sie einen gemeinsamen Faktor ϱ, so wären u^2 und t^2 durch ϱ^2 teilbar, und damit wäre auch A durch ϱ^2 teilbar. Hieraus ersieht man, daß als gemeinsame Teiler von t und u nur solche Zahlen auftreten können, deren Quadrate Teiler von A sind.

Enthält also A nur einen einzigen quadratischen Faktor, wie das bei $A = al^2$ eintritt, wenn l eine Primzahl und a eine Zahl ohne quadratischen Faktor bedeutet, so werden u und t entweder teilerfremd sein, oder sie haben l zum größten gemeinsamen Teiler. In diesem Falle machen wir $u = lp$, $t = lq$; dann geht die Gleichung $A = u^2 - Bt^2$ in die Form

$$a = p^2 - Bq^2$$

über, wo p und q teilerfremd sind. — Ist $A = al^2m^2$, wo l und m Primzahlen sein sollen, so sind u und t entweder teilerfremd, oder beide sind durch l teilbar, oder beide durch m, oder endlich beide durch lm; wenn man daher der Reihe nach setzt

$$u = lp,\ t = lq, \text{ oder } u = mp,\ t = mq, \text{ oder } u = lmp,\ t = lmq,$$

so erhält man entsprechend

$$am^2 = p^2 - Bq^2, \text{ oder } al^2 = p^2 - Bq^2, \text{ oder } a = p^2 - Bq^2,$$

wobei in allen drei Fällen p und q teilerfremd sind.

[407 Wenn allgemein die gegebene Zahl A durch einen oder durch mehrere quadratische Faktoren teilbar ist, und wenn man jeden dieser Faktoren durch ϱ^2 bezeichnet, so setzt man $u = \varrho p$, $t = \varrho q$, $A = \varrho^2 a$. Dadurch geht die Gleichung

$$A = u^2 - Bt^2$$

in die Form

$$a = p^2 - Bq^2$$

über, und man braucht nur p und q teilerfremd zu nehmen. Denn gibt man dem ϱ der Reihe nach alle möglichen Werte, zu denen stets die Einheit gehört, so erhält man alle transformierten Gleichungen zu der vorgelegten.[6]

Man braucht demgemäß lediglich die Lösungen der Gleichungen

$$A = p^2 - Bq^2$$

zu bestimmen, bei denen p und q teilerfremd sind.

23. Es sei die Gleichung

$$A = p^2 - Bq^2$$

vorgelegt, in der p und q ganze teilerfremde Zahlen sein sollen.

Ist B positiv, so setzen wir voraus:

I. daß B kein Quadrat sei; denn der Fall $B = b^2$ kann nach der Methode von Nr. **3** behandelt werden;

II. daß A, positiv genommen, $> \sqrt{B}$ sei; denn für den Fall $A < \sqrt{B}$ werden wir später (Nr. **27** ff.) die Auflösung der vorgelegten Gleichung geben.

Ist B negativ $= -b$, so setzen wir voraus, daß $A > b$ sei; denn die Gleichung

$$A = p^2 + bq^2$$

könnte sonst nur durch $p = 0$ oder durch $q = 0$ befriedigt werden. Dieser Fall böte also keine Schwierigkeit dar (vgl. unten Nr. **27**).

Endlich wollen wir voraussetzen, daß A und B keinen gemeinsamen quadratischen Divisor besitzen; [**408**] denn wenn A und B gleichzeitig durch ϱ^2 teilbar wären, so müßte auch p durch ϱ teilbar sein, und durch Division könnte der gemeinsame Faktor ϱ^2 getilgt werden.

Nach diesen Festsetzungen multipliziert man die Gleichung

$$A = p^2 - Bq^2$$

mit $p_1^2 - Bq_1^2$ und nimmt p_1 und q_1 als ganz und so an, daß

$$pq_1 - p_1q = \pm 1$$

wird; dann hat man, wie in Nr. **6**,

$$A(p_1^2 - Bq_1^2) = (pp_1 - Bqq_1)^2 - B$$

und erhält, wenn

$$A_1 = p_1^2 - Bq_1^2, \quad \alpha = pp_1 - Bqq_1$$

gesetzt wird, die Gleichung

$$AA_1 = \alpha^2 - B.$$

Nun sei $\frac{m}{n}$ der Bruch, den wir früher (Nr. 7) mit $\frac{p_1}{q_1}$ bezeichneten*), dann werden die allgemeinen Werte von p_1 und q_1, die die Gleichung

$$pq_1 - p_1q = \pm 1$$

befriedigen, nach Nr. 8 durch die Formeln

$$p_1 = \mu p \pm m, \quad q_1 = \mu q \pm n$$

gegeben, wobei μ irgend welche ganze Zahl sein kann.

Setzt man diese Werte in den Ausdruck für α ein, so folgt:

$$\alpha = \mu(p^2 - Bq^2) \pm (pm - Bqn)$$

und, wenn man $mp - Bqn = a$ setzt,

$$\alpha = \mu A \pm a.$$

Hiernach kann man $\alpha < \frac{A}{2}$ machen (Nr. **10**); **[409]** daraus folgt $A_1 < \frac{A}{4}$, wenn B positiv ist; und $A_1 < \frac{A}{4} + 1$, wenn B negativ ist (Nr. **13** und **14**); daher ist stets $A_1 < A$, wenn man A und A_1 als positiv auffaßt.

Damit also die vorgelegte Gleichung lösbar sei, d. h. damit die Zahl A von der Form $p^2 - Bq^2$ werde, muß A Teiler einer Zahl von der Form $\alpha^2 - B$ sein für ein $\alpha < \frac{1}{2}A$ (wenn man von den Vorzeichen von α und von A absieht); außerdem muß auch der Quotient A_1 der Division von $\alpha^2 - B$ durch A die Form $p_1{}^2 - Bq_1{}^2$ haben.

Gibt es also unter den natürlichen Zahlen, die kleiner als $\frac{1}{2}A$ sind, keine, deren Quadrat, um B vermindert, durch A teilbar ist, so kann die Gleichung nicht erfüllt werden.

Gibt es dagegen eine solche Zahl, und nimmt man sie für α, so hat man eine neue Gleichung von der Form

$$A_1 = p_1{}^2 - Bq_1{}^2$$

aufzulösen; in ihr ist dabei $A_1 < A$.

Ist diese letzte Gleichung lösbar, so kann man aus den bekannten Werten von p_1 und q_1 die Werte von p und q durch die beiden Gleichungen

$$\alpha = pp_1 - Bqq_1 \text{ und } pq_1 - p_1q = \pm 1$$

---

*) also der, in der Kettenbruchentwicklung von $\frac{p}{q}$ diesem letzten unmittelbar vorhergehende. *N.*

bestimmen: sie liefern wegen $p_1^2 - Bq_1^2 = A_1$

$$p = \frac{\alpha p_1 \mp Bq_1}{A_1}, \quad q = \frac{\alpha q_1 \mp p_1}{A_1}.$$

Wenn diese Ausdrücke ganze Zahlen ergeben, so hat man eine Lösung der vorgelegten Gleichung; wenn nicht, so ist sie nicht lösbar.

Findet man mehrere Werte, die den Bedingungen für α genügen, so führt jeder von ihnen auf eine Gleichung von der Form

$$A_1 = p_1^2 - Bq_1^2;$$

jede so erhaltene liefert möglicherweise eine oder mehrere Lösungen der vorgelegten Gleichung. [410] Man muß folglich, um alle vorhandenen Lösungen zu erhalten, auch alle Zahlen α aufsuchen, die $< \frac{A}{2}$ und so beschaffen sind, daß $\alpha^2 - B$ durch A teilbar wird; und muß ferner jede der entstehenden Gleichungen $A_1 = p_1^2 - Bq_1^2$ einzeln untersuchen.

Übrigens lassen sich, sobald man eine einzige, den Bedingungen genügende Zahl α gefunden hat, durch sie alle anderen bestimmen.

24. Setzen wir nämlich voraus, man hätte eine Zahl $\alpha < \frac{1}{2}A$ aufgefunden, für die die Differenz $\alpha^2 - B$ durch A teilbar wird, und nehmen wir weiter an, daß β ($< \frac{1}{2}A$) ein anderer Wert sei, für den gleichfalls $\beta^2 - B$ durch A teilbar ist (wenn A, α und β als positiv genommen werden), so muß, da $(\alpha^2 - B)$ und $(\beta^2 - B)$ zugleich durch A teilbar sind, auch $\beta^2 - \alpha^2$ es sein, d. h. es wird $(\beta + \alpha)(\beta - \alpha)$ ein Vielfaches von A.

Daraus folgt:

I. Wenn A eine Primzahl ist, so muß einer der beiden Faktoren $\beta + \alpha$, $\beta - \alpha$ durch A teilbar sein; das kann aber wegen $\alpha < \frac{A}{2}$, $\beta < \frac{A}{2}$ nicht eintreten*); in diesem Falle gibt es also höchstens eine einzige Zahl α, die den aufgestellten Bedingungen genügt.

II. Wenn A zusammengesetzt, etwa $A = a \cdot b$ ist, wo a und b Teiler von A sind, so genügt es, daß der eine der

---

*) da β als von α verschieden angenommen worden ist. N.

Faktoren $(\beta+\alpha)$ und $(\beta-\alpha)$ durch a und der andere durch b teilbar ist.

Hierbei bemerke ich, daß es ausreicht, für a und b teilerfremde oder solche Zahlen zu nehmen, deren größter gemeinsamer Teiler 2 ist. Denn wenn a und b einen von 2 verschiedenen gemeinsamen Teiler ϱ haben, so müssen auch α und β durch ϱ teilbar sein; weil dann A durch ϱ^2, und α durch ϱ teilbar wäre, so müßte auch B durch ϱ^2 teilbar sein; folglich wären A und B gleichzeitig durch ϱ^2 teilbar; das verstößt aber gegen die Annahme (Nr. 23).

Wir setzen demnach zunächst voraus, daß a und b teilerfremd seien. Nimmt man dann $\beta+\alpha=\mu a$, $\beta-\alpha=\nu b$, so hat man $2\alpha=\mu a-\nu b$. Ist $\frac{a_1}{b_1}$ in der Kettenbruchentwicklung von $\frac{a}{b}$ der, diesem Bruche zunächst vorhergehende Näherungsbruch (Nr. 8), so haben die Zahlen μ und ν die allgemeinen Ausdrücke

$$\mu = mb \pm 2\alpha b_1, \quad \nu = ma \pm 2\alpha a_1,$$

[411] wobei m irgend eine ganze Zahl ist, und das obere oder das untere Zeichen gilt, je nachdem $\frac{a_1}{b_1} <$ oder $> \frac{a}{b}$ wird. Da $\beta=\mu a-\alpha$ und $ab=A$ ist, so folgt

$$\beta = mA \pm 2\alpha a b_1 - \alpha.$$

Setzt man zur Abkürzung

$$\omega = (1 \mp 2ab_1)\alpha,$$

wo das obere Zeichen bei $\frac{a_1}{b_1} < \frac{a}{b}$ und das untere bei $\frac{a_1}{b_1} > \frac{a}{b}$ zu nehmen ist, so folgt

$$\beta = mA - \omega.$$

Nimmt man statt $\beta+\alpha=\mu a$, $\beta-\alpha=\nu b$ umgekehrt $\beta+\alpha=\mu b$, $\beta-\alpha=\nu a$, so findet man auf die gleiche Art*)

$$\beta = mA + \omega.$$

---

*) wenn $\omega=\alpha(1+2ab_1)$ bei $\frac{a_1}{b_1} > \frac{a}{b}$ und $\omega=\alpha(1-2ab_1)$ bei $\frac{a_1}{b_1} < \frac{a}{b}$ gesetzt wird. N.

Die Zerlegung von A in die beiden teilerfremden Faktoren a und b gibt also allgemein

$$\beta = mA \pm \omega,$$

und hierin hat man m und das Vorzeichen von ω so zu bestimmen, daß $\beta < \frac{1}{2}A$ wird; das ist stets und zwar nur auf eine einzige Weise möglich, wie wir schon oben bemerkt haben.

Man sieht also, daß jede Zerlegung von A in ein Paar untereinander teilerfremder Faktoren eine und nur eine einzige neue Zahl β liefert. Ist daher A eine Primzahl oder eine Primzahlpotenz, so hat α nur einen einzigen Wert; hat A zwei Faktoren, die Primzahlen oder Primzahlpotenzen sind, so gibt es für α nur zwei Werte; [**412**] hat A drei Faktoren, die Primzahlen oder Primzahlpotenzen sind, so gibt es für α nur vier Werte, usw.; und es wird allgemein, wenn die Zahl der Faktoren, die Primzahlen oder Primzahlpotenzen sind, gleich n ist, die Zahl der Werte von α [7]) gleich 0 oder gleich 2^{n-1}.

An zweiter Stelle setzen wir voraus, daß a und b die Zahl 2 als größten gemeinsamen Teiler besitzen; wir nehmen also $a = 2f$, $b = 2g$, wo f und g teilerfremd sind, und $A = 4fg$ ist.

In diesem Falle kann man $\beta + \alpha = 2\mu f$, $\beta - \alpha = 2\nu g$ setzen; dabei brauchen α und β nicht durch 2 teilbar zu sein, es können auch beide Zahlen ungerade werden. Man erhält $\alpha = \mu f - \nu g$. Wenn nun in der Kettenbruchentwicklung von $\frac{f}{g}$ der unmittelbar vorhergehende Bruch $\frac{f_1}{g_1}$ heißt, und wenn man der Abkürzung halber

$$\vartheta = \alpha(1 \mp 2fg_1)$$

setzt, wo das obere Zeichen bei $\frac{f_1}{g_1} < \frac{f}{g}$ und das untere Zeichen bei $\frac{f_1}{g_1} > \frac{f}{g}$ zu nehmen ist, so findet man nach der oben verwendeten Methode

$$\beta = \frac{mA}{2} \pm \vartheta.$$

Hierbei läßt sich m und das Zeichen von ϑ auf zwei verschiedene Arten so bestimmen, daß $\beta < \frac{A}{2}$ wird, und man gelangt also zu zwei Werten von β. Diese Werte können schon unter denen vorkommen, die aus der Betrachtung der zueinander teilerfremden Faktoren von A entnommen werden; ja man könnte sogar allgemein bestimmen, wann die Werte von β, die aus dieser letzten Formel entspringen, mit allen oder einem Teile der Werte identisch sind, die sich aus der vorhergehenden Formel ergeben. Aber das würde uns zu weit in Einzelheiten führen und eher interessant als nützlich sein.

Hier genüge die Bemerkung, daß, wenn die Zahl A durch 4 teilbar ist, und wenn β einen der Werte von α bedeutet, $\frac{1}{2}A - \beta$ gleichfalls zu den Werten α gehört; [413] denn ist $A = 4E$, ist ferner $\beta^2 - B$ durch $4E$ teilbar, und nehmen wir für β die Zahl $2E - \beta$, so folgt

$$2E - \beta^2 - B = 4E^2 - 4E\beta + \beta^2 - B;$$

dies ist offenbar durch $4E$ teilbar.

25. Wir betrachten jetzt die Gleichung aus Nr. 23

$$A_1 = p_1^2 - Bq_1^2.$$

Da hier die Zahlen p_1 und q_1 die Bedingung (Nr. 23

$$pq_1 - qp_1 = \pm 1$$

befriedigen, so sind sie teilerfremd. Deshalb ist die Gleichung, um die es sich jetzt handelt, der früheren Gleichung

$$A = p^2 - Bq^2$$

vollkommen analog und kann folglich ähnlichen Operationen wie diese unterworfen werden. Demnach wissen wir:

I. Wenn B positiv und A_1 (als positiv betrachtet $< \sqrt{B}$ ist, so steht diese Gleichung schon unter dem Falle, den wir weiter unten Nr. 29 behandeln werden.

II. Wenn B negativ $= -b$, und $A_1 \leqq b$ ist, so stößt man auf den Fall von Nr. 27.

Wir werden demnach hier wiederum voraussetzen, daß bei positivem B die Größe A_1 als positiv angesehen) noch $> \sqrt{B}$; und daß bei einem negativen $B = -b$ die Größe $A_1 > b$ sei. Dann kann man die Gleichung

$$A_1 = p_1^2 - Bq_1^2$$

genau so behandeln, wie oben die Gleichung $A = p^2 - Bq^2$.

Man multipliziert sonach diese Gleichung mit $p_2^2 - Bq_2^2$ und bestimmt die ganzzahligen Werte p_2 und q_2 derart, daß

$$p_1q_2 - q_1p_2 = \pm 1$$

wird; setzt man zur Abkürzung

$$A_2 = p_2^2 - Bq_2^2, \quad \alpha_1 = p_1 p_2 - B q_1 q_2,$$

[**414**] so wird

$$A_1 A_2 = \alpha_1^2 - B.$$

Nun gilt auch die Beziehung (Nr. **23**)

$$pq_1 - qp_1 = \pm 1;$$

wenn man diese durch Addition oder durch Subtraktion mit

$$p_1 q_2 - q_1 p_2 = \pm 1$$

verbindet, so ergibt sich

$$(q_2 \mp q) p_1 - (p_2 \mp p) q_1 = 0.$$

Das führt weiter zu

$$\frac{p_2 \mp p}{q_2 \mp q} = \frac{p_1}{q_1}$$

und folglich zu dem Resultate

$$p_2 = \mu_1 p_1 \pm p, \quad q_2 = \mu_1 q_1 \pm q;$$

μ_1 ist dabei eine willkürliche Zahl.

Trägt man die eben erhaltenen Werte von p_2 und q_2 in den Ausdruck für α_1 ein, so erhält man

$$\alpha_1 = \mu_1 (p_1^2 - Bq_1^2 \pm (pp_1 - Bqq_1),$$

oder auch

$$\alpha_1 = \mu_1 A_1 \pm \alpha.$$

Man kann nun μ_1 derart bestimmen, daß $\alpha_1 < \frac{1}{2} A_1$ wird, wodurch $A_2 < A_1$ (Nr. **13** und Nr. **14** sich ergibt; um jede Möglichkeit eines Irrtums zu beseitigen, heben wir nochmals hervor, daß dabei α_1, A_1 und A_2 als positiv angesehen werden. Man erkennt leicht, daß man der aufgestellten Bedingung nur auf eine Art genügen kann; der Wert von μ_1 und das Vorzeichen von α sind durch sie vollständig bestimmt; und da die Zeichen von p und q in den Ausdrücken für p_2 und q_2 dieselben sein müssen wie das von α in dem Ausdrucke von α_1, so bleibt in diesen Ausdrücken nichts Willkürliches zurück.

[**415**] Auf diese Weise ist die Lösung der Gleichung

$$A_1 = p_1^2 - Bq_1^2$$

auf die der Gleichung

$$A_2 = p_2^2 - Bq_2^2$$

zurückgeführt, in der (abgesehen von den Zeichen von A_1 und A_2) $A_2 < A_1$ ist.

Sobald man nämlich die Werte von p_2 und von q_2 gefunden hat, braucht man nur noch die von p_1 und q_1 mit Hilfe der Gleichungen

$$\alpha_1 = p_1 p_2 - B q_1 q_2, \quad p_1 q_2 - p_2 q_1 = \pm 1$$

aufzusuchen und kommt dabei zu

$$p_1 = \frac{\alpha_1 p_2 \mp B q_2}{A_2}, \quad q_1 = \frac{\alpha_1 q_2 \mp p_2}{A_2}.$$

Wenn diese Ausdrücke (entweder bei der Wahl der beiden oberen oder der beiden unteren Zeichen) ganze Zahlen ergeben, so hat man vermittels der für p_2 und q_2 gefundenen Ausdrücke die Werte

$$\pm p = p_2 - \mu_1 p_1, \quad \pm q = q_2 - \mu_1 q_1,$$

und das Problem ist gelöst.

Ergeben jedoch die Ausdrücke für p_1 und q_1 in beiden Fällen gebrochene Zahlen, so ist dies ein Zeichen dafür, daß die vorgelegte Gleichung nicht in ganzen Zahlen lösbar ist.

Aus $p_1 q_2 - q_1 p_2 = \pm 1$ folgt, daß p_2 und q_2 teilerfremd sind, und daraus, daß die Gleichung

$$A_2 = p_2^2 - B q_2^2$$

der früheren Gleichung

$$A_1 = p_1^2 - B q_1^2$$

vollkommen ähnlich gebaut ist; wir können daher dieselben Schlüsse und dieselben Operationen auf jene anwenden, die wir auf diese angewendet haben; und so fort.

[416] **26.** Wenn man folglich, wie in Nr. **12**,

$$(\alpha) \quad \begin{cases} A A_1 = \alpha^2 - B, & \alpha < \tfrac{1}{2} A, \\ A_1 A_2 = \alpha_1^2 - B, & \alpha_1 = \mu_1 A_1 \pm \alpha < \tfrac{1}{2} A_1, \\ A_2 A_3 = \alpha_2^2 - B, & \alpha_2 = \mu_2 A_2 \pm \alpha_1 < \tfrac{1}{2} A_2, \\ \ldots\ldots & \ldots\ldots\ldots \end{cases}$$

setzt (wo die Bedingungen $\alpha < \frac{1}{2}A$, $\alpha_1 < \frac{1}{2}A_1$, $\alpha_2 < \frac{1}{2}A_2, \cdots$ auf die positiv genommenen Werte $\alpha, \alpha_1, \alpha_2, \cdots$; $A, A_1, A_2, \cdots$ bezogen sind), so erhält man die Gleichungsreihe

$$(\beta)\quad \begin{cases} A = p^2 - Bq^2, \\ A_1 = p_1^2 - Bq_1^2, \\ A_2 = p_2^2 - Bq_2^2, \\ A_3 = p_3^2 - Bq_3^2, \\ \ldots\ldots\ldots \end{cases}$$

in der

$$(\gamma)\quad \begin{cases} \pm p = p_2 - \mu_1 p_1, & \pm q = q_2 - \mu_1 q_1, \\ \pm p_1 = p_3 - \mu_2 p_2, & \pm q_1 = q_3 - \mu_2 q_2, \\ \pm p_2 = p_4 - \mu_3 p_3, & \pm q_2 = q_4 - \mu_3 q_3, \\ \ldots\ldots\ldots & \ldots\ldots\ldots \end{cases}$$

bedeutet; hierbei muß man stets beachten, daß die Vorzeichen von p, q und α die gleichen sein müssen, ebenso die von p_1, q_1, α_1; usf.*.

Außerdem gelten die Gleichungen

$$(\delta)\quad \begin{cases} p_{n-1} = \dfrac{\alpha_{n-1} p_n \pm Bq_n}{A_n}, \\[2ex] q_{n-1} = \dfrac{\alpha_{n-1} q_n \pm p_n}{A_n}, \end{cases}$$

in denen die Zeichen willkürlich gewählt werden können; nur müssen sie in beiden Gleichungen dieselben sein.

Kann man also irgend eine der Gleichungen (β) auflösen, etwa

$$A_n = p_n^2 - Bq_n^2,$$

[**417**] d. h. der Gleichung entsprechende ganzzahlige Werte von p_n und q_n finden, so kann man vermittels der Gleichungen δ zuerst die Werte der voraufgehenden Größen p_{n-1} und q_{n-1} bestimmen und weiter aus diesen vier bekannten Werten mit Hilfe der Formeln (γ) zu Werten p und q aufsteigen, die die Gleichung

$$A = p^2 - Bq^2$$

lösen; diese Werte sind ganze Zahlen, sobald p_n, q_n, p_{n-1} und q_{n-1} es sind.

Wenn dagegen die Gleichung

$$A_n = p_n^2 - Bq_n^2$$

---

*) d. h. die Vorzeichen von p und q in $(\gamma$ müssen mit dem von α in (α) übereinstimmen, ebenso die von p_1 und q_1 in γ mit dem von α_1 in α usf. N

keine Lösung in ganzen Zahlen zuläßt, oder wenn die Ausdrücke für p_{n-1}, q_{n-1} keine ganzen Zahlen ergeben, so kann man daraus schließen, daß die Gleichung

$$A = p^2 - Bq^2$$

in ganzen Zahlen nicht lösbar ist.[8])

Weil man a ganz beliebig positiv oder negativ nehmen kann, so liefert jeder Wert von a zwei verschiedene Formelreihen für (α) und (γ); jede von ihnen muß man für sich betrachten, um alle möglichen Lösungen der Gleichung

$$A = p^2 - Bq^2$$

zu erhalten. Wir wollen, ohne rechnend darauf einzugehen, nur noch die Bemerkung anknüpfen, daß bei negativ genommenem a die Formeln (α) dieselben bleiben, sobald man die Zeichen von a_1, a_2, $\cdots$ und von μ_1, μ_2, $\cdots$ ändert. Daraus folgt, daß man in den Formeln (γ) nur μ_1, μ_2, μ_3, $\cdots$ mit entgegengesetzten Zeichen zu nehmen braucht.

Analyse des Falles, wo B negativ ist.

27. Wir wollen zunächst den Fall eines negativen B betrachten, weil er leichter zu behandeln ist, als der eines positiven B. Zunächst kann man, genau wie oben (Nr. **14**), beweisen, daß sich die Reihe der Größen A, A_1, A_2, A_3, $\cdots$ fortsetzen läßt, bis man zu einem Gliede, etwa A_n kommt, das gleich B oder kleiner als B ist, wenn man dies als positiv betrachtet; für $B = -b$ ergibt sich $A_n \leqq b$.

[418] I. Nehmen wir $A_n = b$, so kann die Gleichung

$$A_n = p_n^2 + bq_n^2$$

nur bestehen, wenn p_n^2 durch b teilbar ist; setzt man $b = c^2 d$,*) so folgt $p_n = cdr$, und die Gleichung

$$b = p_n^2 + bq_n^2$$

geht nach Division durch b in die Form

$$1 = dr^2 + q_n^2$$

über. Sie gibt entweder $r = 0$ und folglich $p_n = 0$ und $q_n = 1$; oder aber $q_n = 0$ und $dr^2 = 1$ d. h. $r = 1$ und $d = 1$, und also $p_n = c$. Der zweite Fall kann somit nur

---

*) wobei d durch kein Quadrat teilbar ist. *N.*

eintreten, wenn b ein Quadrat ist; bestimmt man die Werte von p_{n-1} und q_{n-1} durch die Formeln (δ) der vorhergehenden Nummer, so findet man $q_{n-1} = \pm \frac{c}{c^2} = \pm \frac{1}{c}$; daraus sieht man, daß q_{n-1} nur dann eine ganze Zahl ist, wenn c den Wert 1 hat. Das Problem ist in diesem Falle also nur lösbar, wenn $c = 1$ und also $b = 1$, $p_n = 1$, $q_n = 0$ wird.

Bei $b = 1$ kann man nun aber in der Gleichung

$$A_n = p_n^2 + q_n^2$$

die Größen p_n und q_n untereinander vertauschen, und das Gleiche gilt für die übrigen analogen Gleichungen, so daß die Annahme $p_n = 1$, $q_n = 0$ mit der Annahme $p_n = 0$, $q_n = 1$ zusammenfällt. Diese zweite Annahme wollen wir unserer Untersuchung zugrunde legen.

Man darf also für $A_n = b$ allgemein $p_n = 0$, $q_n = 1$ setzen*); daraus schließt man nach (δ) der vorhergehenden Nummer

$$p_{n-1} = \pm 1, \quad q_{n-1} = \frac{\alpha_{n-1}}{b}.$$

Damit also das Problem lösbar sei, muß α_{n-1} durch b teilbar sein; [**419**] ist diese Bedingung erfüllt, so hat man:

$$p_n = 0, \qquad q_n = 1,$$

$$p_{n-1} = 1, \quad q_{n-1} = \frac{\alpha_{n-1}}{b};$$

von hier aus aufsteigend findet man die Werte von p und q. Dabei ist die Bemerkung berücksichtigt, daß es, obgleich sich $p_{n-1} = \pm 1$ ergeben hatte, dennoch unnötig ist, $p_{n-1} = -1$ zu setzen; denn wegen $p_n = 0$ würden sich die neuen Werte von $p_{n-2}, p_{n-3}, \cdots p$ nur durch die Vorzeichen von den bei $p_{n-1} = 1$ auftretenden unterscheiden.

II. Es sei zweitens $A_n < b$. In diesem Falle kann die Gleichung

$$A_n = p_n^2 + bq_n^2$$

offenbar nur statthaben, wenn $q_n = 0$ und $A_n = p_n^2$ ist. Dies gibt:

$$p_{n-1} = \frac{\alpha_{n-1}}{p_n}, \quad q_{n-1} = \pm \frac{1}{p_n}.$$

*) da nämlich sowohl der Fall $r = 0$ als auch der Fall $q_n = 0$ (S. 37, Z. 3 v. u.) darauf geführt haben. *N.*

Hieraus ersieht man, daß die Werte von p_{n-1}, q_{n-1} nur dann ganze Zahlen sind, wenn $p_n = 1$ und folglich $A_n = 1$ ist.

Setzt man daher die Reihe der Zahlen A, A_1, A_2, $\cdots$ bis zu einem Gliede A_n fort, das kleiner als b wird, und ist dieses A_n von 1 verschieden, so kann man daraus schließen, daß die vorgelegte Gleichung

$$A = p^2 + bq^2$$

in ganzen Zahlen nicht lösbar ist.

Wird dagegen $A_n = 1$, und gibt man, aus ähnlichen Gründen wie oben bei p_{n-1} dem q_{n-1} nur das Pluszeichen, so folgt

$$p_n = 1, \qquad q_n = 0,$$
$$p_{n-1} = \alpha_{n-1}, \quad q_{n-1} = 1,$$

und man kann aufsteigend die gesuchten Werte von p und q finden.

Hieraus erhellt, daß jeder Wert von α bei negativem B (Nr. **23**) nur auf eine einzige Lösung der Gleichung

$$A = p^2 - Bq^2$$

führt. [**420**] Weil nun die Zahl der Werte von α eine begrenzte ist*), so ist es auch die der Lösungen von

$$A = p^2 + bq^2.$$

Ist z. B. B eine von 2 verschiedene Primzahl oder die Potenz einer solchen, so hat die Gleichung

$$A = p^2 + bq^2$$

höchstens eine ganzzahlige Lösung (wegen Nr. **24**).

Hinsichtlich der negativen Werte von α ersieht man leicht aus den Formeln (γ), daß wenn man die Zeichen von μ_1, μ_2, μ_3, $\cdots$ und von α_{n-1} gleichzeitig ändert, die Werte von p und q entweder dieselben bleiben oder lediglich ihr Vorzeichen ändern, weil man entweder

$$p_n = 0, \quad p_{n-1} = 1, \quad q_n = 1, \quad q_{n-1} = -\frac{\alpha_{n-1}}{b}$$

oder

$$p_n = 1, \quad p_{n-1} = -\alpha_{n-1}, \quad q_n = 0, \quad q_{n-1} = 1$$

hat. Folglich ist bei negativem B die Betrachtung eines negativen α völlig unnötig.

---

*) da ja nach Nr. **23** $\alpha < \frac{1}{2}A$ ist. *N.*

Analyse des Falles, wo B positiv ist.

28. Wir wollen jetzt voraussetzen, daß B eine positive Zahl sei. Zuerst beweist man durch ähnliche Schlüsse, wie in Nr. **13**, daß die Zahlen α, α_1, α_2, $\cdots$ so lange abnehmen, bis man zu einer Zahl α_n gelangt, die $\leqq \sqrt{B}$ ist. Da nach der Voraussetzung B kein Quadrat ist (Nr. **23**), so ist $\alpha_n = \sqrt{B}$ unmöglich, und man gelangt daher auf $\alpha_n < \sqrt{B}$.

[**421**] Es besteht also (Nr. **26**) eine Gleichung von der Form:

$$A_n A_{n+1} = \alpha_n^2 - B \quad \text{oder} \quad -A_n A_{n+1} = B - \alpha_n^2,$$

in der wegen $\alpha_n^2 < B$ offenbar A_n und A_{n+1} verschiedene Zeichen haben und außerdem eine dieser Zahlen, vom Zeichen abgesehen, $< \sqrt{B}$ ist.

Zur Abkürzung setzen wir $\alpha_n = e$ und nennen $\pm E$ die eine und $\mp D$ die andere der beiden Zahlen A_n, A_{n+1}. Dabei sollen D und E positiv, und E mag $< \sqrt{B}$ sein. Man hat dann

$$DE = B - e^2,$$

und da nach den Formeln (β) in Nr. **26**

$$A_n = p_n^2 - Bq_n^2 \quad \text{und} \quad A_{n+1} = p_{n+1}^2 - Bq_{n+1}^2$$

ist, so müssen die Zahlen D und E die Formen haben

$$\mp D = \varrho^2 - B\sigma^2, \quad \pm E = r^2 - Bs^2; \quad (DE < B).$$

Hierdurch beschränkt sich unsere Frage darauf, diese beiden Gleichungen aufzulösen. Kennt man nämlich die Werte von ϱ, σ, r, s, d. h. die von p_n, q_n, p_{n+1}, q_{n+1}, so kann man mit Hilfe der Formeln (γ) zu den Werten von p und q rückwärts aufsteigen.

Ja, es genügt schon, eine jener beiden Gleichungen aufzulösen; denn aus Nr. **23** und Nr. **25** sieht man, daß für die Größen ϱ, σ, r, s die Gleichungen

$$(\varepsilon) \qquad \begin{cases} r\sigma - s\varrho = \pm 1, \\ r\varrho - Bs\sigma = e \end{cases}$$

gelten, und durch sie kann man ϱ und σ bestimmen, wenn man r und s kennt, oder umgekehrt r und s aus ϱ und σ.

Hierbei ist zu bemerken, daß die Wahl des Zeichens in der Gleichung

$$r\sigma - s\varrho = \pm 1$$

nicht willkürlich ist, sondern daß es der in

$$\pm E = r^2 - Bs^2$$

getroffenen Wahl entsprechen muß; [422] denn unter Benutzung von

$$\mp D = \varrho^2 - B\sigma^2$$

erhält man

$$\pm (E\sigma^2 + Ds^2) = r^2\sigma^2 - s^2\varrho^2 = (r\sigma + s\varrho)(r\sigma - s\varrho)$$

und ersieht hieraus, daß die Größe $r\sigma - s\varrho$ positiv oder negativ wird, je nachdem man in der Gleichung, um die es sich handelt, das obere oder das untere Zeichen hat.

Die Größe e, d. h. α_n kann positiv oder negativ sein; ja, man muß sie sogar nacheinander positiv und negativ annehmen, um alle möglichen Lösungen der vorgelegten Gleichung zu erhalten (Nr. 26 am Schluß). Hierbei ist, wie in der vorigen Nummer hervorgehoben wurde, darauf zu achten, daß man die Zeichen von $\mu_1, \mu_2, \mu_3, \cdots$ in den Formeln (γ) verändern muß, wenn man e negativ nimmt, alles übrige hingegen ungeändert lassen darf.

29. Wir betrachten also die Gleichung

$$\pm E = r^2 - Bs^2,$$

in der $E < \sqrt{B}$ ist, und setzen vorläufig voraus, daß wir schon ganze Zahlen r und s, die ihr genügen, kennen.

Dabei sind infolge der ersten Gleichung (ε) in Nr. 28 r und s teilerfremd; ferner lassen sich leicht zwei Reihen von abnehmenden, positiven Zahlen $r, r_1, r_2, r_3, \cdots$ und $s, s_1, s_2, s_3, \cdots$ bilden, deren erste mit r beginnt und mit 1 endet; deren zweite mit s beginnt, mit 0 endet, und für die überdies

$$rs_1 - sr_1 = \pm 1, \quad r_1 s_2 - s_1 r_2 = \mp 1,$$
$$r_2 s_3 - s_2 r_3 = \pm 1, \cdots$$

ist*). Offenbar ist $r > s$; denn die Gleichung $\pm E = r^2 - Bs^2$ gibt $\frac{r}{s} = \sqrt{B \pm \frac{E}{s^2}}$, und es ist $E < \sqrt{B}$. [423] Wenn man nun r durch s dividiert, dann s durch den Rest der ersten Division, und immer so fort den vorletzten Rest durch den letzten, bis einmal die Division aufgeht, und wenn man die

---

*) dabei sollen die oberen oder die unteren Zeichen gelten, je nachdem dies in der Gleichung $\pm E = r^2 - Bs^2$ der Fall ist. *N.*

sich hierbei ergebenden Quotienten α, β, γ, δ, $\cdots$ ω nennt, so ist bekanntlich

$$\frac{r}{s} = \alpha + \cfrac{1}{\beta + \cfrac{1}{\gamma + \cfrac{1}{\delta + \cdot_{\cdot_{\cdot + \frac{1}{\omega}}}}}};$$

dabei wird, weil r und s teilerfremd sind, der letzte Rest notwendigerweise 1 und folglich der letzte Quotient größer als 1, so daß man $\omega \geqq 2$ erhält.

Bricht man diesen Kettenbruch nacheinander mit dem ersten, dem zweiten, dem dritten, $\cdots$ Gliede ab, so erhält man eine Reihe einzelner Brüche, die wir, nachdem $\frac{1}{0}$ am Anfange hinzugefügt ist, mit

$$\frac{1}{0},\ \frac{a}{b},\ \frac{c}{d},\ \frac{e}{f},\ \cdots\ \frac{m}{n},\ \frac{p}{q},\ \frac{r}{s}$$

bezeichnen; man hat dabei

$$\begin{array}{ll} a = \alpha\,, & b = 1\,, \\ c = \beta a + 1\,, & d = \beta b\,, \\ e = \gamma c + a\,, & f = \gamma d + b\,, \\ \cdot\ \cdot\ \cdot\ \cdot\ \cdot & \cdot\ \cdot\ \cdot\ \cdot\ \cdot \\ r = \omega p + m\,, & s - \omega q + n\,, \end{array}$$

und es gelten die Gleichungen

$$\begin{array}{lll} 1\cdot b - 0\cdot a & = 1\,, \\ ad \ - bc & = -1\,, \\ cf \ - de & = 1\,, \\ \cdot\ \cdot\ \cdot\ \cdot\ \cdot\ \cdot \\ mq - np & = \pm 1\,, \\ ps \ - qr & = \mp 1\,. \end{array}$$

[**424**] Die obigen Brüche konvergieren gegen den Bruch $\frac{r}{s}$ so, daß die an ungerader Stelle stehenden Brüche $\frac{1}{0}$, $\frac{c}{d}$, $\cdots$ sämtlich größer als $\frac{r}{s}$ sind, während die an gerader Stelle stehenden $\frac{a}{b}$, $\frac{e}{f}$, $\cdots$ sämtlich kleiner als $\frac{r}{s}$ sind; das folgt

leicht aus der Natur dieser Brüche. Übrigens ist die Kenntnis dieser Brüche überflüssig; es genügt, zu wissen, daß sie für jeden Bruch $\frac{r}{s}$ vorhanden sind.

Huygens ist, wie ich glaube, zuerst auf den Gedanken gekommen, einen willkürlichen Bruch in einen Kettenbruch umzuwandeln und daraus eine Reihe besonderer, auf den gegebenen Bruch hin konvergierenden Brüche herzuleiten [vgl. seine Abhandlung: »De automato Planetario«.[9]] Andere Geometer haben diese Theorie ausgebaut und vervollkommnet, zumal *Euler* in seiner »Introductio in analysin« und in mehreren vorzüglichen Abhandlungen, die von der Petersburger Akademie veröffentlicht sind. Sehr gut dargestellt ist dieser Gegenstand auch in der Algebra von *Saunderson*,[10]) der eine, von den Kettenbrüchen unabhängige Methode in Anwendung bringt.

Wenn nun in der Gleichung

$$\pm E = r^2 - Bs^2$$

das obere Zeichen gilt, so fordern wir, es solle

$$rs_1 - sr_1 = 1, \quad r_1s_2 - s_1r_2 = -1, \quad r_2s_3 - s_2r_3 = 1, \quad \cdots$$

sein. Ist die Zahl der Glieder der Reihe

$$\frac{1}{0}, \frac{a}{b}, \frac{c}{d}, \cdots \frac{m}{n}, \frac{p}{q}, \frac{r}{s}$$

ungerade, so braucht man nur

$$r_1 = p, \quad r_2 = m, \cdots; \quad s_1 = q, \quad s_2 = n, \cdots$$

[425] zu setzen. Ist dagegen die Zahl der Glieder jener Reihe gerade, so genügt die Annahme

$$r_1 = r - p, \quad r_2 = p, \quad r_3 = m, \cdots;$$
$$s_1 = s - q, \quad s_2 = q, \quad s_3 = n, \cdots;$$

denn man hat ja in diesem Falle $mq - np = -1$, $ps - qr = 1$ und also

$$\begin{aligned} rs_1 - sr_1 &= -rq + sp = 1, \\ r_1s_2 - s_1r_2 &= rq - sp = -1, \\ r_2s_3 - s_2r_3 &= pn - qm = 1, \\ &\cdots\cdots\cdots \end{aligned}$$

Da $r = \omega p + m$ und $s = \omega q + n$ ist, und da $\omega \gtreqq 2$ ist, so hat man für die positive Zahl $\psi = \omega - 1$

$$r_1 = \psi p + m, \quad s_1 = \psi q + n \text{ und } r = r_1 + r_2, \quad s = s_1 + s_2.$$

Ebenso behandelt man den Fall, in dem das untere Zeichen gilt, und erkennt, daß es immer möglich ist, Zahlen $r_1, r_2, r_3, \cdots$ und $s_1, s_2, s_3, \cdots$ zu finden, die die geforderten Eigenschaften besitzen, und für die die Gleichungen

$$(\zeta)\qquad \begin{cases} r = \lambda_1 r_1 + r_2, & s = \lambda_1 s_1 + s_2, \\ r_1 = \lambda_2 r_2 + r_3, & s_1 = \lambda_2 s_2 + s_3, \\ r_2 = \lambda_3 r_3 + r_4, & s_2 = \lambda_3 s_3 + s_4, \\ r_3 = \lambda_4 r_4 + r_5, & s_3 = \lambda_4 s_4 + s_5, \\ \ldots\ldots & \ldots\ldots \end{cases}$$

gelten, in denen $\lambda_1, \lambda_2, \lambda_3, \cdots$ ganze positive Zahlen sind.

Man sieht überdies, daß die beiden letzten Glieder der Reihe $r, r_1, r_2, r_3, \cdots$ die Werte a und 1 haben (wo a die größte ganze Zahl ist, die kleiner bleibt als $\frac{r}{s}$), und daß die beiden letzten Glieder der Reihe $s, s_1, s_2, s_3, \cdots$ die Werte 1 und 0 haben. Kennt man also die Zahlen $\lambda_1, \lambda_2, \lambda_3, \cdots$ nebst der Zahl a, so kann man mit Hilfe der Formeln (ζ) aufsteigend die gesuchten Zahlen r und s finden.

[**426**] Die Zahlen $\lambda_1, \lambda_2, \lambda_3, \cdots$ werden durch die Bedingung bestimmt, daß sie ganz und positiv seien, und daß für sie

$$(\eta)\qquad \begin{cases} r s_1 - s r_1 = \pm 1, \\ r_1 s_2 - s_1 r_2 = \mp 1, \\ r_2 s_3 - s_2 r_3 = \pm 1, \\ r_3 s_4 - s_3 r_4 = \mp 1, \\ \ldots\ldots \end{cases}$$

wird, wobei alle oberen oder alle unteren Zeichen zu nehmen sind, je nachdem in

$$\pm E = r^2 - Bs^2$$

das obere oder das untere Vorzeichen gilt.

Nun ist leicht zu sehen, daß wenn die erste Gleichung

$$r s_1 - s r_1 = \pm 1$$

stattfindet, die in (η) folgenden wegen der Formeln (ζ) von selbst erfüllt sind. In der Tat ergibt sich aus den Formeln (ζ)

$$r_2 = r - \lambda_1 r_1, \quad s_2 = s - \lambda_1 s_1,$$

mithin

$$r_1 s_2 - s_1 r_2 = r_1 s - s_1 r = \mp 1,$$

und ebenso weiter.

30. Nunmehr nehmen wir die Gleichung

$$\pm E = r^2 - Bs^2$$

wieder auf.

Wir lassen zunächst das obere Vorzeichen gelten, so daß

$$+ E = r^2 - Bs^2$$

ist; dividieren wir durch s^2, so folgt

$$\frac{r^2}{s^2} - B = \frac{E}{s^2},$$

und wenn man noch durch $\frac{r}{s} + \sqrt{B}$ dividiert,

$$\frac{r}{s} - \sqrt{B} = \frac{E}{s^2\left(\frac{r}{s} + \sqrt{B}\right)}.$$

[**427**] Da nach der Voraussetzung $E < \sqrt{B}$ ist, so ist um so mehr $E < \sqrt{B} + \frac{r}{s}$, mithin $0 < \frac{r}{s} - \sqrt{B} < \frac{1}{s^2}$.

Nun gibt die in diesem Falle geltende Gleichung

$$rs_1 - sr_1 = 1$$

das Resultat

$$\frac{r}{s} - \frac{r_1}{s_1} = \frac{1}{ss_1},$$

und da $\frac{r}{s} - \sqrt{B} < \frac{1}{s^2}$ ist, so gilt $\frac{r_1}{s_1} - \sqrt{B} < \frac{1}{s^2} - \frac{1}{ss_1}$.

Weil ferner $s_1 < s$ ist, wird $\frac{1}{s^2} - \frac{1}{ss_1} < 0$, daher $\frac{r_1}{s_1} - \sqrt{B} < 0$.

Multipliziert man dies mit $\frac{r_1}{s_1} + \sqrt{B}$, so folgt $\frac{r_1^2}{s_1^2} - B < 0$ und $r_1^2 - Bs_1^2 < 0$. Demnach hat man

$$r_1^2 - Bs_1^2 = - E_1,$$

wobei E_1 eine positive Zahl bedeutet.

Ebenso liefert die Gleichung

$$r_1 s_2 - s_1 r_2 = - 1$$

das Resultat

$$\frac{r_1}{s_1} - \frac{r_2}{s_2} = - \frac{1}{s_1 s_2}.$$

Addiert man diese Gleichung zu

$$\frac{r}{s} - \frac{r_1}{s_1} = \frac{1}{ss_1},$$

so folgt

$$\frac{r}{s} - \frac{r_2}{s_2} = \frac{1}{ss_1} - \frac{1}{s_1 s_2}.$$

Hier ist $s_1 < s$ und $s_2 < s_1$, und so wird $\frac{1}{ss_1} < \frac{1}{s_1 s_2}$, mithin $\frac{r}{s} - \frac{r_2}{s_2} < 0$ oder $\frac{r_2}{s_2} - \frac{r}{s} > 0$. Nun hat man auch $\frac{r}{s} - \sqrt{B} > 0$ und deshalb $\frac{r_2}{s_2} - \sqrt{B} > 0$. Multipliziert man diese Gleichung mit $\frac{r_2}{s_2} + \sqrt{B}$, so entsteht $\frac{r_2^2}{s_2^2} - B > 0$, und es ist $r_2^2 - Bs_2^2 > 0$; folglich wird

$$r_2^2 - Bs_2^2 = E_2,$$

wobei E_2 eine positive Zahl ist.

[428] Die Gleichung

$$r_2 s_3 - s_2 r_3 = 1$$

liefert in gleicher Weise

$$\frac{r_2}{s_2} - \frac{r_3}{s_3} = \frac{1}{s_2 s_3};$$

addiert man hierzu die oben erhaltene Gleichung

$$\frac{r}{s} - \frac{r_2}{s_2} = \frac{1}{ss_1} - \frac{1}{s_1 s_2},$$

so ergibt sich

$$\frac{r}{s} - \frac{r_3}{s_3} = \frac{1}{ss_1} - \frac{1}{s_1 s_2} + \frac{1}{s_2 s_3},$$

und weil $\frac{r}{s} - \sqrt{B} < \frac{1}{s^2}$ ist,

$$\frac{r_3}{s_3} - \sqrt{B} < \frac{1}{s^2} - \frac{1}{ss_1} + \frac{1}{s_1 s_2} - \frac{1}{s_2 s_3}.$$

Da hier $s_1 < s$, $s_2 < s_1$, $s_3 < s_2$ ist, so hat man

$$\frac{1}{s^2} - \frac{1}{ss_1} < 0 \text{ und } \frac{1}{s_1 s_2} - \frac{1}{s_2 s_3} < 0;$$

also ist auch $\frac{r_3}{s_3} - \sqrt{B} < 0$ und $r_3^2 - Bs_3^2 < 0$, d. h. man erhält

$$r_3^2 - Bs_3^2 = -E_3,$$

wobei E_3 eine positive Zahl ist. Das kann so fortgesetzt werden.

Zweitens setzen wir voraus, es wäre

$$-E = r^2 - Bs^2;$$

daraus folgt

$$\frac{r^2}{s^2} - B = -\frac{E}{s^2} \text{ und } \frac{r}{s} - \sqrt{B} = -\frac{E}{s^2\left(\frac{r}{s} + \sqrt{B}\right)}.$$

Wegen $E < \sqrt{B}$ folgt $0 > \frac{r}{s} - \sqrt{B} > -\frac{1}{s^2}$. In diesem Falle wird

$$rs_1 - sr_1 = -1,$$

also

$$\frac{r}{s} - \frac{r_1}{s_1} = -\frac{1}{ss_1}.$$

[429] Subtrahiert man dies von $\frac{r}{s} - \sqrt{B} > -\frac{1}{s^2}$, so folgt $\frac{r_1}{s_1} - \sqrt{B} > \frac{1}{ss_1} - \frac{1}{s^2}$; weil ferner $s_1 < s$ ist, so hat man $\frac{1}{ss_1} - \frac{1}{s^2} > 0$ und also $\frac{r_1}{s_1} - \sqrt{B} > 0$: daraus ergibt sich weiter $r_1^2 - Bs_1^2 > 0$ und endlich

$$r_1^2 - Bs_1^2 = E_1,$$

wobei E_1 eine positive Zahl bedeutet.

Ähnlich hat man

$$r_1 s_2 - s_1 r_2 > 1,$$

also

$$\frac{r_1}{s_1} - \frac{r_2}{s_2} = \frac{1}{s_1 s_2},$$

und weil, wie wir sahen,

$$\frac{r}{s} - \frac{r_1}{s_1} = -\frac{1}{ss_1}$$

ist, wegen $s_1 < s$ und $s_2 < s_1$

$$\frac{r}{s} - \frac{r_2}{s_2} = -\frac{1}{ss_1} + \frac{1}{s_1 s_2} > 0.$$

Also ist $\frac{r}{s} - \frac{r_2}{s_2} > 0$, folglich $\frac{r_2}{s_2} - \frac{r}{s} < 0$. Da ferner $\frac{r}{s} - \sqrt{B} < 0$ ist, so hat man auch $\frac{r_2}{s_2} - \sqrt{B} < 0$, d. h. $r_2^2 - Bs_2^2 < 0$ und endlich

$$r_2^2 - Bs_2^2 = -E_2,$$

wobei E_2 eine positive Zahl bedeutet.

Ebenso beweist man das Bestehen einer Gleichung

$$r_3^2 - Bs_3^2 = E_3,$$

in der E_3 positiv ist; usw.

Vereinigt man die beiden behandelten Fälle, so gelten allgemein die folgenden Formeln

$$(\theta) \qquad \begin{cases} \pm E = r^2 - Bs^2, \\ \mp E_1 = r_1^2 - Bs_1^2, \\ \pm E_2 = r_2^2 - Bs_2^2, \\ \mp E_3 = r_3^2 - Bs_3^2, \\ \ldots\ldots\ldots \end{cases}$$

[**430**] in denen E der Voraussetzung nach positiv und $< \sqrt{B}$ ist, und die Größen $E_1, E_2, E_3, \cdots$ auch positiv sind.

31. Wir multiplizieren nun je zwei aufeinanderfolgende Gleichungen (θ); das ergibt (Nr. **9**) zuerst

I. $\qquad -EE_1 = (rr_1 - Bss_1)^2 - B(rs_1 - sr_1)^2.$

Benutzt man aus (η) die Gleichung

$$rs_1 - sr_1 = \pm 1$$

und setzt

$$rr_1 - Bss_1 = \mp \varepsilon,$$

so erhält man die Gleichung

$$-EE_1 = \varepsilon^2 - B \quad \text{oder} \quad EE_1 = B - \varepsilon^2.$$

II. Ebenso wird

$$-E_1E_2 = (r_1r_2 - Bs_1s_2)^2 - B(r_1s_2 - s_1r_2)^2.$$

Hier ist wegen (η) wieder

$$r_1s_2 - s_1r_2 = \mp 1,$$

also wird sich, wenn man weiter

$$r_1r_2 - Bs_1s_2 = \pm \varepsilon_1$$

setzt, ergeben

$$-E_1E_2 = \varepsilon_1^2 - B \quad \text{oder} \quad E_1E_2 = B - \varepsilon_1^2.$$

III. Setzt man in gleicher Weise

$$r_2 r_3 - B s_2 s_3 = \mp \varepsilon_2,$$

so findet man drittens

$$-E_2 E_3 = \varepsilon_2^2 - B \quad \text{oder} \quad E_2 E_3 = B - \varepsilon_2^2$$

usw. nach derselben Methode.

Nun folgt aus den Formeln (ζ)

$$r_2 = r - \lambda_1 r_1, \quad s_2 = s - \lambda_1 s_1;$$

hieraus ergibt sich

$$r_1 r_2 - B s_1 s_2 = r r_1 - B s s_1 - \lambda_1 (r_1^2 - B s_1^2);$$

und weiter nach den eben gemachten Einführungen

$$\pm \varepsilon_1 = \mp \varepsilon \pm \lambda_1 E_1, \text{ d. h. } \varepsilon_1 = \lambda_1 E_1 - \varepsilon.$$

[431] Ebenso findet man auch aus (ζ)

$$r_3 = r_1 - \lambda_2 r_2, \quad s_3 = s_1 - \lambda_2 s_2;$$

daher wird

$$r_2 r_3 - B s_2 s_3 = r_1 r_2 - B s_1 s_2 - \lambda_2 (r_2^2 - B s_2^2)$$

und

$$\mp \varepsilon_2 = \pm \varepsilon_1 \mp \lambda_2 E_2, \text{ d. h. } \varepsilon_2 = \lambda_2 E_2 - \varepsilon_1.$$

In dieser Weise kann man fortfahren und kommt so zu den Gleichungen

$$(\varkappa) \qquad \begin{cases} E E_1 = B - \varepsilon^2, \\ E_1 E_2 = B - \varepsilon_1^2, \\ E_2 E_3 = B - \varepsilon_2^2, \\ E_3 E_4 = B - \varepsilon_3^2, \\ \cdot \quad \cdot \quad \cdot \quad \cdot \quad \cdot \quad \cdot \end{cases}$$

in denen

$$(\lambda) \qquad \begin{cases} \varepsilon_1 = \lambda_1 E_1 - \varepsilon, \\ \varepsilon_2 = \lambda_2 E_2 - \varepsilon_1, \\ \varepsilon_3 = \lambda_3 E_3 - \varepsilon_2, \\ \cdot \quad \cdot \quad \cdot \quad \cdot \quad \cdot \quad \cdot \end{cases}$$

ist.

32. Wir sahen (Nr. **30**), daß die Zahlen $E_1, E_2, E_3, \cdots$ sämtlich positiv sind; aus den Gleichungen $(\varkappa)$ folgt also, daß alle Quadrate $\varepsilon^2, \varepsilon_1^2, \varepsilon_2^2, \cdots$ kleiner als B sein müssen.

Zuerst werde ich beweisen, daß diese Bedingungen nur bestehen können, wenn in den Gleichungen (λ) alle Zahlen $\varepsilon, \varepsilon_1, \varepsilon_2, \cdots$ positiv sind.

Denn I., wenn wir zuerst $\varepsilon = -\eta$ als möglich voraussetzen, wo η eine positive Zahl ist, so hat man $\varepsilon_1 = \lambda_1 E_1 + \eta$, und ε_1 wird positiv, weil λ_1 und E_1 positive Größen sind. Nun muß aber $\varepsilon_1^2 < B$ und also $\lambda_1 E_1 + \eta < \sqrt{B}$ d. h. $\lambda_1 < \frac{\sqrt{B} - \eta}{E_1}$ werden; und weil λ_1 eine positive ganze Zahl sein muß, hat man $E_1 < \sqrt{B} - \eta$ *). Andererseits ist

$$EE_1 = B - \eta^2 = (\sqrt{B} + \eta)(\sqrt{B} - \eta);$$

[**432**] also kann E_1 nur dann $< \sqrt{B} - \eta$ sein, wenn gleichzeitig $E > \sqrt{B} + \eta$ ist. Weil jedoch nach der Voraussetzung $E < \sqrt{B}$ ist, so ist das unmöglich. Demnach kann ε nicht negativ sein.

II. Nehmen wir zweitens $\varepsilon_1 = -\eta_1$ an, wo η_1 positiv ist, so folgt $\varepsilon_2 = \lambda_2 E_2 + \eta_1$ und deshalb $\varepsilon_2 > 0$. Weil $\varepsilon_2^2 < B$ sein muß, folgt $\lambda_2 E_2 + \eta_1 < \sqrt{B}$, folglich $\lambda_2 < \frac{\sqrt{B} - \eta_1}{E_2}$; da λ_2 ganz und positiv sein muß, ergibt sich $E_2 < \sqrt{B} - \eta_1$. Nun ist

$$E_1 E_2 = B - \eta_1^2 = (\sqrt{B} + \eta_1)(\sqrt{B} - \eta_1),$$

so daß E_2 nur dann $< \sqrt{B} - \eta_1$ werden kann, wenn $E_1 > \sqrt{B} + \eta_1$ und um so mehr $E_1 > \sqrt{B}$ ist. Die Gleichung $\varepsilon_1 = \lambda_1 E_1 - \varepsilon$ gibt wegen $\varepsilon_1 = -\eta_1$ das Resultat $\lambda_1 E_1 = \varepsilon - \eta_1$, folglich, da $\varepsilon < \sqrt{B}$ ist, $\lambda_1 E_1 < \sqrt{B}$. Dies ist unverträglich mit $E_1 > \sqrt{B}$, da λ_1 eine ganze positive Zahl ist.

Demnach ist ε_1 positiv; ebenso beweist man, daß die Zahlen $\varepsilon_2, \varepsilon_3, \cdots$ in den Gleichungen (λ) sämtlich positiv sind.

33. Da $\varepsilon^2, \varepsilon_1^2, \varepsilon_2^2, \cdots$ kleiner als B sind, so müssen $\varepsilon, \varepsilon_1, \varepsilon_2, \cdots$ sämtlich $< \sqrt{B}$ sein.

Unter Benutzung des Umstandes, daß $\varepsilon < \sqrt{B}$ ist, wollen wir nun zusehen, wie die Zahlen $\lambda_1, \lambda_2, \lambda_3, \cdots$ in den Gleichnngen (λ) bestimmt werden müssen, damit die Zahlen $\varepsilon_1, \varepsilon_2, \varepsilon_3, \cdots$ sämtlich $< \sqrt{B}$ seien.

I. Ist $\varepsilon_1 < \sqrt{B}$ und also $\lambda_1 E_1 - \varepsilon < \sqrt{B}$, so folgt

$$\lambda_1 < \frac{\sqrt{B} + \varepsilon}{E_1}.$$

---

*) $E_1 = \sqrt{B} - \eta$ ist wegen der Irrationalität der Wurzel nicht möglich. N.

Da λ_1 eine ganze positive Zahl sein muß, so ist $E_1 < \sqrt{B} + \varepsilon$, folglich wegen

$$EE_1 = B - \varepsilon^2 = (\sqrt{B} + \varepsilon)(\sqrt{B} - \varepsilon)$$

$E > \sqrt{B} - \varepsilon$. Die Zahl ε muß daher $< \sqrt{B}$ und $> \sqrt{B} - E$ sein.

[433] II. Es ist $\varepsilon_2 < \sqrt{B}$, mithin $\lambda_2 E_2 - \varepsilon_1 < \sqrt{B}$; daraus folgt

$$\lambda_2 < \frac{\sqrt{B} + \varepsilon_1}{E_2}.$$

Damit λ_2 ganz und positiv sein kann, muß $E_2 < \sqrt{B} + \varepsilon_1$ werden; ferner wegen

$$E_1 E_2 = B - \varepsilon_1^2 = (\sqrt{B} + \varepsilon_1)(\sqrt{B} - \varepsilon_1),$$

$E_1 > \sqrt{B} - \varepsilon_1$, d. h. $\varepsilon_1 > \sqrt{B} - E_1$; also muß $\lambda_1 E_1 - \varepsilon > \sqrt{B} - E_1$ werden; daher ist

$$\lambda_1 + 1 > \frac{\sqrt{B} + \varepsilon}{E_1}.$$

III. Es ist $\varepsilon_3 < \sqrt{B}$, also $\lambda_3 E_3 - \varepsilon_2 < \sqrt{B}$; daraus folgt

$$\lambda_3 < \frac{\sqrt{B} + \varepsilon_2}{E_3}.$$

Damit λ_3 ganz und positiv sei, muß $E_3 < \sqrt{B} + \varepsilon_2$ werden und wegen

$$E_2 E_3 = B - \varepsilon_2^2 = (\sqrt{B} + \varepsilon_2)(\sqrt{B} - \varepsilon_2)$$

auch $E_2 > \sqrt{B} - \varepsilon_2$, d. h. $\varepsilon_2 > \sqrt{B} - E_2$. Also ist

$$\lambda_2 E_2 - \varepsilon_1 > \sqrt{B} - E_2,$$

demnach

$$\lambda_2 + 1 > \frac{\sqrt{B} + \varepsilon_1}{E_2}.$$

So geht dies weiter.

Wäre die Größe E_4 die letzte der Reihe $E, E_1, E_2, \cdots$ derart, daß die Gleichung

$$E_3 E_4 = B - \varepsilon_3^2$$

die letzte der Gleichungen ($\varkappa$) wäre, so hätte man für die Bestimmung von λ_3 nur die Bedingung $\lambda_3 < \frac{\sqrt{B}+\varepsilon_2}{E_3}$. [**434**] Fordert man aber überdies, daß das letzte Glied der Reihe $E, E_1, E_2, \cdots$ auch $< \sqrt{B}$ sei, und setzt man voraus, dies letzte Glied sei E_4, so ist $E_4 < \sqrt{B}$ und um so mehr $E_4 < \sqrt{B} + \varepsilon_3$, demnach ist wegen

$$E_3 E_4 = (\sqrt{B} + \varepsilon_3)(\sqrt{B} - \varepsilon_3)$$

$E_3 > \sqrt{B} - \varepsilon_3$, d. h. $\varepsilon_3 > \sqrt{B} - E_3$, ferner

$$\lambda_3 E_3 - \varepsilon_2 > \sqrt{B} - E_3,$$

$$\lambda_3 + 1 > \frac{\sqrt{B}+\varepsilon_2}{E_3}.$$

Dies ist dieselbe Bedingung, die man durch Betrachtung der folgenden Gleichung

$$E_4 E_5 = B - \varepsilon_4^2$$

erhalten hätte, falls E_4 nicht das letzte Glied gewesen wäre.

Wenn man also allgemein die Reihe der Zahlen $E, E_1, E_2, \cdots$ so weit fortgesetzt denkt, bis man zu einem Gliede $< \sqrt{B}$ kommt, so können die Gleichungen ($\varkappa$) und (λ) bei positiven ganzen $E, E_1, E_2, \cdots$ und $\lambda_1, \lambda_2, \lambda_3, \cdots$ nur bestehen, wenn

$$\varepsilon < \sqrt{B} \quad \text{und} \quad \varepsilon > \sqrt{B} - E$$

ist, sowie ferner

$$(\mu) \quad \begin{cases} \lambda_1 < \dfrac{\sqrt{B}+\varepsilon}{E_1}, & \lambda_1 > \dfrac{\sqrt{B}+\varepsilon}{E_1} - 1, \\ \lambda_2 < \dfrac{\sqrt{B}+\varepsilon_1}{E_2}, & \lambda_2 > \dfrac{\sqrt{B}+\varepsilon_1}{E_2} - 1, \\ \lambda_3 < \dfrac{\sqrt{B}+\varepsilon_2}{E_3}, & \lambda_3 > \dfrac{\sqrt{B}+\varepsilon_2}{E_3} - 1, \\ \cdot\;\cdot\;\cdot\;\cdot\;\cdot\;\cdot\,, & \cdot\;\cdot\;\cdot\;\cdot\;\cdot\;\cdot\;\cdot \end{cases}$$

Hieraus sieht man, daß die Zahlen $\lambda_1, \lambda_2, \lambda_3, \cdots$ vollkommen bestimmt sind, so daß, wenn E und ε bekannt sind, alle anderen durch ($\varkappa$), (λ), (μ) gefunden werden können.

Kennt man nämlich E und ε, so folgt E_1 aus der Gleichung

$$EE_1 = B - \varepsilon;$$

[435] wegen $\lambda_1 < \frac{\sqrt{B}+\varepsilon}{E_1}$ und $> \frac{\sqrt{B}+\varepsilon}{E_1} - 1$ muß man für λ_1 die ganze Zahl nehmen, die unmittelbar kleiner als $\frac{\sqrt{B}+\varepsilon}{E_1}$ ist; sie wird positiv, denn da der Voraussetzung nach $E > \sqrt{B} - \varepsilon$ ist, so hat man wegen

$$EE_1 = B - \varepsilon^2 = (\sqrt{B}+\varepsilon)(\sqrt{B}-\varepsilon)$$

$E_1 < \sqrt{B} + \varepsilon$*). Ist die Zahl λ_1 bekannt, so wird $\varepsilon_1 = \lambda_1 E_1 - \varepsilon$, und hiernach folgt E_2 aus der Gleichung

$$E_1 E_2 = B - \varepsilon_1^2.$$

Da ferner $\lambda_2 < \frac{\sqrt{B}+\varepsilon_1}{E_2}$ und $> \frac{\sqrt{B}+\varepsilon_1}{E_2} - 1$ ist, so wird λ_2 die ganze Zahl, die unmittelbar kleiner ist als $\frac{\sqrt{B}+\varepsilon_1}{E_2}$; und diese Zahl wird positiv, da aus $\lambda_1 > \frac{\sqrt{B}+\varepsilon}{E_1} - 1$ folgt

$$\lambda_1 E_1 - \varepsilon = \varepsilon_1 > \sqrt{B} - E_1,$$

$$E_1 > \sqrt{B} - \varepsilon_1 \quad \text{und} \quad E_2 < \sqrt{B} + \varepsilon_1$$

wegen

$$E_1 E_2 = B - \varepsilon_1^2 = (\sqrt{B}+\varepsilon_1)(\sqrt{B}-\varepsilon_1); \text{ usf.}$$

34. Um die Gleichung

$$\pm E = r^2 - Bs^2$$

mit $E < \sqrt{B}$ aufzulösen, sucht man also zuerst eine ganze Zahl $\varepsilon < \sqrt{B}$ und $> \sqrt{B} - E$, für die $B - \varepsilon^2$ durch E teilbar ist. Wenn keine der Zahlen, die zwischen $\sqrt{B} - E$ und $\sqrt{B}$ fallen, dieser Bedingung genügt, ist dies ein Zeichen dafür, daß die vorgelegte Gleichung in ganzen Zahlen nicht lösbar ist.

[436] Hat man einen oder mehrere Werte für ε gefunden, so bildet man die an einen jeden von ihnen sich anschließenden Reihen $E, E_1, E_2, E_3, \cdots; \varepsilon_1, \varepsilon_2, \varepsilon_3, \cdots$ und $\lambda_1, \lambda_2, \lambda_3, \cdots$ mit Hilfe der Formeln der letzten Nummer, und kommt, falls die vorgelegte Gleichung in ganzen Zahlen lösbar ist, notwendig zu einem Glied der Reihe $E_1, E_2, E_3, \cdots$, das gleich

---

*) und also $\lambda_1 > \frac{\sqrt{B}+\varepsilon}{E_1} - 1 > 0$. N.

1 ist und eine gerade oder eine ungerade Stelle einnimmt, je nachdem in der Gleichung

$$\pm E = r^2 - Bs^2$$

das obere oder das untere Zeichen gilt. Wir haben nämlich (Nr. **29**) gesehen, daß, wenn man die Reihen der Zahlen $r, r_1, r_2, \cdots$ und $s, s_1, s_2, \cdots$ fortsetzt, man notwendig auf Glieder, etwa r_m und s_m kommt, bei denen $r_m = 1$ und $s_m = 0$ ist. Nun liefern die Formeln (θ)

$$r_m^2 - Bs_m^2 = \pm E_m,$$

wenn m gerade ist, und

$$r_m^2 - Bs_m^2 = \mp E_m,$$

wenn m ungerade ist. Im ersten Falle ist also $\pm E_m = 1$ und im zweiten $\mp E_m = 1$; der erste Fall fordert also das obere Vorzeichen und der zweite das untere, da (Nr. **30**) E_m positiv ist.

Läßt sich also die Gleichung

$$\pm E = r^2 - Bs^2$$

in ganzen Zahlen auflösen, so gibt es in der Reihe $E, E_1, E_2, \cdots$ ein Glied $E_m = 1$, wobei m gerade oder ungerade ist, je nachdem in der vorgelegten Gleichung das obere oder das untere Vorzeichen gilt. Da ferner $1 < \sqrt{B}$ ist, so gelangt man zu diesem Gliede nach der Methode der vorhergehenden Nummer, und dabei wird $r_m = 1$, $s_m = 0$. Die Formeln (η) zeigen überdies, daß bei geradem m

$$r_{m-1} s_m - s_{m-1} r_m = \mp 1$$

und bei ungeradem m

$$r_{m-1} s_m - s_{m-1} r_m = \pm 1$$

[**437**] ist; und weil m für das obere Zeichen*) gerade und für das untere ungerade ist, so folgt in beiden Fällen

$$r_{m-1} s_m - s_{m-1} r_m = -1.$$

Setzt man $r_m = 1$, $s_m = 0$, so wird $s_{m-1} = 1$. Endlich zeigen die Formeln von Nr. **31**, daß man für ein gerades m

$$r_{m-1} r_m - B s_{m-1} s_m = \pm \varepsilon_{m-1}$$

---

*) in der Gleichung $\pm E = r^2 - Bs^2$. *N.*

und für ein ungerades m

$$r_{m-1} r_m - B s_{m-1} s_m = \mp \varepsilon_{m-1}$$

und daher nach der oben gemachten Bemerkung in jedem Falle

$$r_{m-1} r_m - B s_{m-1} s_m = \varepsilon_{m-1}$$

hat. Da $r_m = 1$, $s_m = 0$, so folgt $r_{m-1} = \varepsilon_{m-1}$; es ergibt sich daher

$$r_m = 1, \qquad s_m = 0,$$
$$r_{m-1} = \varepsilon_{m-1}, \quad s_{m-1} = 1.$$

Mit Hilfe dieser Beziehungen kann man gemäß der Formeln (ζ) von Nr. **29** aufsteigend die gesuchten Werte von r und s finden.

35. Da sich alles darauf zuspitzt, ein Glied der Reihe $E, E_1, E_2, \cdots$ zu finden, das gleich 1 wird, so wollen wir eingehender das Gesetz dieser Reihe untersuchen. Zunächst folgt aus dem in Nr. **33** Hergeleiteten, daß man die Reihe beliebig weit führen kann, weil die Operationen, durch die die Zahlen $E_1, E_2, E_3, \cdots$; $\varepsilon_1, \varepsilon_2, \varepsilon_3, \cdots$ und $\lambda_1, \lambda_2, \lambda_3, \cdots$ bestimmt werden, unaufhörlich fortgesetzt werden können.

Andererseits folgt aus den Formeln ($\varkappa$), daß die Zahlen $E, E_1, E_2, \cdots$ kleiner bleiben als B; da sie gleichzeitig ganze Zahlen sind, so steht nur eine endliche Anzahl von verschiedenen Werten für sie zur Auswahl; setzt man daher die Reihe bis ins Unendliche fort, so wird ein und dasselbe Glied notwendigerweise unendlich oft wiederkehren. Ebenso muß sich auch dieselbe Folge zweier aufeinander folgender Glieder unendlich oft wiederholen.

[**438**] Nehmen wir z. B. an, daß in der Reihe

$$E, E_1, E_2, E_3, E_4, E_5, E_6, E_7, E_8, E_9, E_{10}, \cdots$$

die aufeinander folgenden Glieder E_7 und E_8 dieselben sind wie E_3 und E_4, d. h. daß $E_7 = E_3$ und $E_8 = E_4$ wird, so sieht man leicht, daß auch $E_9 = E_5$, $E_{10} = E_6$ wird, usf.

Da nämlich $E_7 = E_3$ und $E_8 = E_4$ ist, so folgt aus den Formeln ($\varkappa$) $\varepsilon_7 = \varepsilon_3$; aus den Formeln ($\mu$) $\lambda_8 = \lambda_4$; aus den Formeln (λ) $\varepsilon_8 = \varepsilon_4$; aus den Formeln ($\varkappa$) $E_9 = E_5$ usw. Allgemein: wenn zwei aufeinander folgende Glieder der Reihe der E gegeben sind, werden alle folgenden durch die Formeln ($\varkappa$), (λ), (μ) bestimmt; wiederholt sich daher die Folge zweier aufeinander folgender Glieder, so wiederholen sich auch alle folgenden Glieder, und demnach wird die Reihe eine periodische Folge derselben Glieder werden.

Ich werde weiter noch beweisen, daß unter der Voraussetzung $E_7 = E_3$ und $E_8 = E_4$ auch die vorhergehenden Glieder E_6, E_5, $\cdots$ dieselben sind, wie die Glieder E_2, E_1, $\cdots$.

Hierzu genügt offenbar der Nachweis, daß durch zwei beliebige aufeinander folgende Glieder, wie E_3, E_4 alle vorausgehenden E_2, E_1, $\cdots$ bestimmt sind. Die Formeln ($\varkappa$) zeigen, daß wenn E_3 und E_4 gegeben sind, auch ε_3 es ist; nun ist $\varepsilon_2 < \sqrt{B}$ und also nach (λ) auch $\lambda_3 E_3 - \varepsilon_3 < \sqrt{B}$ und

$$\lambda_3 < \frac{\sqrt{B} + \varepsilon_3}{E_3}.$$

Ebenso ist $\varepsilon_1 < \sqrt{B}$, d. h. $\lambda_2 E_2 - \varepsilon_2 < \sqrt{B}$, also

$$\lambda_2 < \frac{\sqrt{B} + \varepsilon_2}{E_2}.$$

[439] Da λ_2 eine ganze positive Zahl ist, muß $E_2 < \sqrt{B} + \varepsilon_2$, und wegen

$$E_2 E_3 = B - \varepsilon_2^2 = (\sqrt{B} + \varepsilon_2)(\sqrt{B} - \varepsilon_2)$$

auch $E_3 > \sqrt{B} - \varepsilon_2$, d. h. $\varepsilon_2 > \sqrt{B} - E_3$ sein; weil ferner $\varepsilon_2 = \lambda_3 E_3 - \varepsilon_3$ ist, muß $(\lambda_3 + 1)E_3 > \sqrt{B} + \varepsilon_3$ und endlich

$$\lambda_3 > \frac{\sqrt{B} + \varepsilon_3}{E_3} - 1$$

werden. Ebenso findet man durch Betrachtung der Bedingung $\varepsilon < \sqrt{B}$ die beiden Beziehungen

$$\lambda_1 < \frac{\sqrt{B} + \varepsilon_1}{E_1},$$

$$\lambda_2 > \frac{\sqrt{B} + \varepsilon_2}{E_2} - 1.$$

Da ferner $E < \sqrt{B}$ ist (Voraussetzung), so ist um so mehr $E < \sqrt{B} + \varepsilon$; folglich wegen

$$EE_1 = B - \varepsilon^2 = (\sqrt{B} + \varepsilon)(\sqrt{B} - \varepsilon)$$

$E_1 > \sqrt{B} - \varepsilon$, d. h. wegen $\varepsilon = \lambda_1 E_1 - \varepsilon_1$ ist $(\lambda_1 + 1)E_1 > \sqrt{B} + \varepsilon_1$ und

$$\lambda_1 > \frac{\sqrt{B} + \varepsilon_1}{E_1} - 1.$$

Man hat also, wenn man die Reihen $\lambda_1, \lambda_2, \lambda_3, \cdots, \varepsilon_1, \varepsilon_2, \varepsilon_3, \cdots$ und $E, E_1, E_2, E_3, \cdots$ rückwärts durchläuft, die folgenden Beziehungen

$$(\nu) \quad \begin{cases} \cdot\;\cdot\;\cdot\;\cdot\;\cdot & \cdot\;\cdot\;\cdot\;\cdot\;\cdot\;\cdot \\ \lambda_3 < \dfrac{\sqrt{B}+\varepsilon_3}{E_3}, & \lambda_3 > \dfrac{\sqrt{B}+\varepsilon_3}{E_3} - 1, \\ \lambda_2 < \dfrac{\sqrt{B}+\varepsilon_2}{E_2}, & \lambda_2 > \dfrac{\sqrt{B}+\varepsilon_2}{E_2} - 1, \\ \lambda_1 < \dfrac{\sqrt{B}+\varepsilon_1}{E_1}, & \lambda_1 > \dfrac{\sqrt{B}+\varepsilon_1}{E_1} - 1. \end{cases}$$

[**440**] Mit den Formeln $(\varkappa)$ und (λ) zusammen bestimmen die (ν) alle Glieder dieser Reihen, wenn zwei aufeinander folgende E wie E_3 und E_4 gegeben sind. Denn mit ihnen ist auch ε_3 gegeben; folglich ist auch λ_3 bekannt, da λ_3 die ganze Zahl sein muß, die unmittelbar kleiner als $\dfrac{\sqrt{B}+\varepsilon_3}{E_3}$ ist. Hat man λ_3, so folgt ε_2 aus der Formel

$$\varepsilon_3 = \lambda_3 E_3 - \varepsilon_2, \text{ d. h. } \varepsilon_2 = \lambda_3 E_3 - \varepsilon_3,$$

und E_2 durch die Gleichung

$$E_2 E_3 = B - \varepsilon_2^2;$$

da E_2 und ε_2 bekannt sind, so ist es λ_2 auch, weil dies die ganze Zahl wird, die unmittelbar kleiner ist als $\dfrac{\sqrt{B}+\varepsilon_2}{E_2}$; usf.

Hieraus geht hervor, daß in der Reihe $E, E_1, E_2, E_3, E_4, \cdots$ keine Folge zweier Glieder wie E_3, E_4 vorkommen kann, ohne daß alle vorhergehenden Folgen E_2, E_3; E_1, E_2; $\cdots$ bereits aufgetreten sind; demnach muß die erste E, E_1 auch die erste sein, die zum zweiten Male wiederkehrt. Irgend eine Folge muß wiederkommen, da — wie wir zu Anfang dieser Nummer bemerkt haben — für die Zahlen $E, E_1, E_2, \cdots$ nur eine beschränkte Anzahl von Werten vorhanden ist; also muß die erste Folge E, E_1 spätestens dann auftreten, wenn alle anderen möglichen Folgen erschöpft sind, und von da ab wird sich die ganze vorherige Reihe wiederholen. Nach der ersten Periode ist also der Rest der Reihe, wie weit sie auch fortgeführt werde, nur aus einer Folge von Perioden zusammengesetzt, die mit der ersten identisch sind.

Wenn man z. B. $E_5 = E$ und $E_6 = E_1$ findet, so hat die Reihe die folgende Form

$$E, E_1, E_2, E_3, E_4, \quad E, E_1, E_2, E_3, E_4, \quad E, E_1, E_2, E_3, E_4, \cdots$$

bis ins Unendliche; kein Glied kommt in dem Reste der beliebig weit fortgesetzten Reihe vor, das nicht schon in der ersten Periode E, E_1, E_2, E_3, E_4 auftrat.

[441] **36.** Um die Gleichung

$$\pm E = r^2 - Bs^2$$

aufzulösen, genügt es also, die Reihe $E, E_1, E_2, E_3, \cdots$ so weit fortzusetzen, bis die beiden ersten Glieder in derselben Ordnung wiederkehren; das geschieht, bevor ein anderes Paar zweier aufeinander folgender Glieder wieder erscheinen kann. Wenn dann in der ersten Periode der Reihe kein Glied gleich 1 ist, so läßt die Gleichung keine ganzzahlige Lösung zu.

Findet sich dagegen in der ersten Periode ein Glied $E_m = 1$, so liefert dieses Glied eine Lösung der vorgelegten Gleichung (Nr. **34**), falls der Index m gerade oder ungerade ist, je nachdem in der Gleichung das obere oder das untere Zeichen gilt. Erfüllt die Ordnungsziffer m diese Bedingung nicht, so setzt man die Reihe fort, und da das Glied 1 in den folgenden Perioden wieder auftritt, so hat man nachzusehen, ob dabei seine Ordnungsziffer den nötigen Bedingungen genügt; ist dies der Fall, so liefert das neue Glied eine Lösung, und wenn man die Reihe fortsetzt, findet man dasselbe Glied beliebig oft wieder und kann also beliebig viele andere Lösungen herleiten.

Wenn demnach die Gleichung

$$\pm E = r^2 - Bs^2$$

eine Lösung in ganzen Zahlen hat, so hat sie deren unendlich viele.

37. Wir haben (Nr. **33**) gesehen, daß die Reihen $E, E_1, E_2, \cdots$; $\varepsilon, \varepsilon_1, \varepsilon_2, \cdots$ und $\lambda_1, \lambda_2, \cdots$ durch die beiden Glieder E und E_1 vollständig bestimmt sind, da, wenn E und E_1 gegeben sind, auch ε es ist, usw. Hieraus folgt, daß, wenn die Reihe $E, E_1, E_2, \cdots$ von neuem beginnt, die beiden anderen gleichfalls wieder beginnen.

[442] Ist nun etwa in der Reihe $E, E_1, E_2, \cdots$ das Glied $E_\mu = E$ und $E_{\mu+1} = E_1$, so hat man allgemein (Nr. **35**) $E_{\mu+\nu} = E_\nu$, folglich $E_{2\mu} = E_\mu = E$ und $E_{2\mu+\nu} = E_\nu, \cdots$; also gilt auch für eine beliebige positive ganze Zahl n

$$E_{n\mu+\nu} = E_\nu.$$

Ebenso ist $\varepsilon_{\mu+\nu} = \varepsilon_\nu$ und allgemein

$$\varepsilon_{n\mu+\nu} = \varepsilon_\nu;$$

ähnlich ist $\lambda_{\mu+\nu} = \lambda_\nu$ und allgemein

$$\lambda_{n\mu+\nu} = \lambda_\nu.$$

Kennt man also die Glieder $E, E_1, E_2, \cdots E_{\mu-1}; \varepsilon, \varepsilon_1, \varepsilon_2, \cdots \varepsilon_{\mu-1}; \lambda_1, \lambda_2, \lambda_3, \cdots \lambda_\mu$, so kennt man alle folgenden.

Nun sei $E_m = 1$ bei $m < \mu$; dann ist auch $E_{\mu+m} = 1$, $E_{2\mu+m} = 1, \cdots$ und allgemein

$$E_{n\mu+m} = 1.$$

Wenn die Ordnungsziffer $n\mu + m$ gerade oder ungerade ist, je nachdem in der Gleichung

$$\pm E = r^2 - Bs^2$$

das obere oder das untere Vorzeichen gilt, so kann man, wie in Nr. **34** (indem man $n\mu + m$ statt m setzt),

$$r_{n\mu+m} = 1, \qquad s_{n\mu+m} = 0,$$
$$r_{n\mu+m-1} = \varepsilon_{n\mu+m-1}, \quad s_{n\mu+m-1} = 1$$

nehmen und daraus in den Formeln (ζ) rückwärts gehend r und s finden. Es ist klar, daß diese Werte um so größer ausfallen, je größer n ist; um also die kleinstmöglichen Werte von r und s zu erhalten, muß man n so klein als möglich wählen. [**443**] Vermehrt man allmählich n, so erhält man der Reihe nach alle anderen Werte von r und s, die der vorgelegten Gleichung genügen, wenigstens sobald die erste Periode nur ein Glied enthält, das den Wert 1 hat; kommen mehrere solche vor, so muß man m in $E_m = 1$ der Reihe nach jedem dieser Indizes gleich setzen.

Da nun $n\mu + m$ gerade und ungerade sein muß, je nachdem in

$$\pm E = r^2 - Bs^2$$

das obere oder das untere Zeichen gilt, so folgt:

I. daß die Gleichung

$$E = r^2 - Bs^2$$

nur dann in ganzen Zahlen lösbar ist, wenn m gerade oder wenn m und μ gleichzeitig ungerade sind; denn $n\mu + m$ kann nur dann gerade sein, wenn $n\mu$ und m gleichzeitig gerade oder gleichzeitig ungerade sind. Ist m gerade und μ

gleichfalls, so kann n eine beliebige positive Zahl werden; ist m gerade und μ ungerade, so muß n gerade werden, so daß man für n nur die positiven geraden Zahlen nehmen darf. Ist dagegen m ungerade, so muß $n\mu$ auch ungerade sein und folglich n und μ beide ungerade; sind also m und μ gleichzeitig ungerade, so darf man auch für n nur positive ungerade Zahlen nehmen;

II. daß die Gleichung

$$-E = r^2 - Bs^2$$

nur dann lösbar ist, wenn m ungerade oder wenn gleichzeitig m gerade und μ ungerade ist. Denn da $n\mu + m$ in diesem Falle ungerade ist, so muß von den beiden Größen $n\mu$ und m die eine gerade und die andere ungerade sein. Ist m ungerade, so muß $n\mu$ gerade sein; man darf also bei geradem μ für n irgendwelche positive ganze Zahlen nehmen, bei ungeradem μ dagegen für n nur gerade Zahlen. Ist dagegen m gerade, so muß $n\mu$ ungerade sein, folglich müssen n und μ es einzeln sein; ist also m gerade, μ ungerade, so ist das Problem lösbar, falls man für n ungerade positive Zahlen nimmt.

[**444**] **38.** Wir sahen (Nr. **30** und **31**), daß $rr_1 - Bss_1 = \mp \varepsilon$ und $rs_1 - sr_1 = \pm 1$ ist; daraus folgt

$$\mp(\varepsilon + \sqrt{B}) = (r + s\sqrt{B})(r_1 - s_1\sqrt{B});$$

ebenso folgt wegen $r_1 r_2 - Bs_1 s_2 = \pm \varepsilon_1$ und $r_1 s_2 - s_1 r_2 = \mp 1$

$$\pm(\varepsilon_1 + \sqrt{B}) = (r_1 + s_1\sqrt{B})(r_2 - s_2\sqrt{B})$$

und ähnlich weiter

$$\mp(\varepsilon_2 + \sqrt{B}) = (r_2 + s_2\sqrt{B})(r_3 - s_3\sqrt{B}),$$
$$\pm(\varepsilon_3 + \sqrt{B}) = (r_3 + s_3\sqrt{B})(r_4 - s_4\sqrt{B}),$$
$$\cdots\cdots\cdots$$

Multipliziert man diese Gleichungen miteinander, indem man beachtet, daß

$$(r_1 - s_1\sqrt{B})(r_1 + s_1\sqrt{B}) = r_1^2 - Bs_1^2 = \mp E_1,$$
$$(r_2 - s_2\sqrt{B})(r_2 + s_2\sqrt{B}) = r_2^2 - Bs_2^2 = \pm E_2,$$
$$\cdots\cdots\cdots$$

ist, so ergibt sich

$$(\varepsilon+\sqrt{B})(\varepsilon_1+\sqrt{B}) = \pm E_1(r+s\sqrt{B})(r_2-s_2\sqrt{B}),$$
$$(\varepsilon+\sqrt{B})(\varepsilon_1+\sqrt{B})(\varepsilon_2+\sqrt{B}) = \mp E_1E_2(r+s\sqrt{B})(r_3-s_3\sqrt{B}),$$
$$(\varepsilon+\sqrt{B})(\varepsilon_1+\sqrt{B})(\varepsilon_2+\sqrt{B})(\varepsilon_3+\sqrt{B}) = \pm E_1E_2E_3(r+s\sqrt{B})(r_4-s_4\sqrt{B}),$$

und allgemein

$$(\varepsilon + \sqrt{B})(\varepsilon_1 + \sqrt{B})(\varepsilon_2 + \sqrt{B}) \cdots (\varepsilon_{u-1} + \sqrt{B})$$
$$= \pm E_1 E_2 E_3 \cdots E_{u-1}(r + s\sqrt{B})(r_u - s_u \sqrt{B}),$$

wo bei geradem u die Zeichen ebenso gewählt werden müssen wie in

$$\pm E = r^2 - Bs^2$$

und bei ungeradem u entgegengesetzt.

[**445**] Wir nehmen jetzt $u = n\mu + m$; dann hat man (Nr. **37**) $r_u = 1$, $s_u = 0$, falls $n\mu + m$ gerade oder ungerade ist, je nachdem in $r^2 - Bs^2 = \pm E$ das obere oder das untere Vorzeichen gilt. Trägt man also in die soeben gefundene Formel $n\mu + m$ für u ein, behält aber größerer Bequemlichkeit halber die Bezeichnung u für den Index bei, so entsteht

$$(\varepsilon + \sqrt{B})(\varepsilon_1 + \sqrt{B})(\varepsilon_2 + \sqrt{B}) \cdots (\varepsilon_{u-1} + \sqrt{B})$$
$$= E_1 E_2 E_3 \cdots E_{u-1}(r + s\sqrt{B}).$$

Mit Hilfe der natürlichen Doppeldeutigkeit des Zeichens $\sqrt{B}$ kann man hieraus r und s berechnen.

Weil $u = n\mu + m$ und wie wir (Nr. **37**) gesehen haben, allgemein $E_{n\mu+\nu} = E_\nu$, $\varepsilon_{n\mu+\nu} = \varepsilon_\nu$ ist, so kann man die vorstehende Gleichung auf die Form

$$[(\varepsilon + \sqrt{B})(\varepsilon_1 + \sqrt{B})(\varepsilon_2 + \sqrt{B}) \cdots (\varepsilon_{m-1} + \sqrt{B})]$$
$$[(\varepsilon + \sqrt{B})(\varepsilon_1 + \sqrt{B})(\varepsilon_2 + \sqrt{B}) \cdots (\varepsilon_{\mu-1} + \sqrt{B})]^n$$
$$= E_1 E_2 E_3 \cdots E_{m-1} \cdot (E E_1 E_2 \cdots E_{\mu-1})^n (r + s\sqrt{B})$$

bringen. Wir setzen nun zur Abkürzung

$$\frac{(\varepsilon + \sqrt{B})(\varepsilon_1 + \sqrt{B})(\varepsilon_2 + \sqrt{B}) \cdots (\varepsilon_{m-1} + \sqrt{B})}{E_1 E_2 E_3 \cdots E_{m-1}} = R + S\sqrt{B},$$

$$\frac{(\varepsilon + \sqrt{B})(\varepsilon_1 + \sqrt{B})(\varepsilon_2 + \sqrt{B}) \cdots (\varepsilon_{\mu-1} + \sqrt{B})}{E E_1 E_2 \cdots E_{\mu-1}} = X + Y\sqrt{B};$$

(denn es ist klar, daß bei der Produktbildung auf den linken Seiten neben einem rationalen Teile ein anderer, der mit $\sqrt{B}$ multipliziert ist, herauskommt); dann ist

$$(R + S\sqrt{B})(X + Y\sqrt{B})^n = r + s\sqrt{B}.$$

[**446**] Setzt man überdies

$$(X + Y\sqrt{B})^n = \xi + \psi\sqrt{B},$$

woraus sich wegen der Doppeldeutigkeit von $\sqrt{B}$

$$\xi = \frac{(X + Y\sqrt{B})^n + (X - Y\sqrt{B})^n}{2},$$

$$\psi = \frac{(X + Y\sqrt{B})^n - (X - Y\sqrt{B})^n}{2\sqrt{B}}$$

ergibt, so hat man

$$(R + S\sqrt{B})(\xi + \psi\sqrt{B}) = r + s\sqrt{B},$$
$$R\xi + BS\psi + (R\psi + S\xi)\sqrt{B} = r + s\sqrt{B}.$$

Vergleicht man die rationalen Teile der linken und der rechten Seite und ebenso die irrationalen, so ergibt sich endlich

$$r = R\xi + BS\psi, \quad s = R\psi + S\xi.$$

Das sind die allgemeinen Ausdrücke der Zahlen r und s, die die Gleichung befriedigen

$$\pm E = r^2 - Bs^2.$$

Wollte man auch die Ausdrücke der Wurzeln r_1 und s_1 für die Gleichung

$$\mp E_1 = r_1^2 - Bs_1^2,$$

so erinnern wir uns daran, daß (Nr. **38** zu Anfang)

$$\mp(\varepsilon + \sqrt{B}) = (r + s\sqrt{B})(r_1 - s_1\sqrt{B})$$

ist, folgern daraus

$$\mp(\varepsilon + \sqrt{B})(r_1 + s_1\sqrt{B}) = (r + s\sqrt{B})(r_1^2 - Bs_1^2)$$
$$= \mp E_1(r + s\sqrt{B})$$

und finden

$$r_1 + s_1\sqrt{B} = \frac{E_1}{\varepsilon + \sqrt{B}}(r + s\sqrt{B}).$$

[**447**] Setzen wir also

$$\frac{(\varepsilon_1 + \sqrt{B})(\varepsilon_2 + \sqrt{B})\cdots(\varepsilon_{m-1} + \sqrt{B})}{E_2 E_3 \cdots E_{m-1}} = R_1 + S_1\sqrt{B},$$

so folgt wie oben

$$(R_1 + S_1\sqrt{B})(\xi + \psi\sqrt{B}) = r_1 + s_1\sqrt{B}$$

und daraus

$$r_1 = R_1\xi + BS_1\psi, \quad s_1 = R_1\psi + S_1\xi.$$

Diese Werte dienen dazu (Nr. **28**), die von ϱ und σ in der Gleichung

$$\mp D = \varrho^2 - B\sigma^2$$

zu finden, wie sich später (Nr. **43**) zeigen wird.

39. Obgleich man die Werte von R, S, X und Y durch Entwicklung der Produkte $(\varepsilon + \sqrt{B})(\varepsilon_1 + \sqrt{B})\cdots$ leicht finden kann, wollen wir doch eine noch bei weitem einfachere und bequemere Art hierfür angeben.

Die Formeln (λ) von Nr. **31** liefern

$$\varepsilon = \lambda_1 E_1 - \varepsilon_1,$$

also

$$\varepsilon + \sqrt{B} = \lambda_1 E_1 + \sqrt{B} - \varepsilon_1,$$

$$\begin{aligned}(\varepsilon + \sqrt{B})(\varepsilon_1 + \sqrt{B}) &= \lambda_1 E_1(\varepsilon_1 + \sqrt{B}) + B - \varepsilon_1^2 \\ &= \lambda_1 E_1(\varepsilon_1 + \sqrt{B}) + E_1 E_2\end{aligned}$$

wegen $B - \varepsilon_1^2 = E_1 E_2$. Dividiert man durch E_1, so erhält man

$$\frac{(\varepsilon + \sqrt{B})(\varepsilon_1 + \sqrt{B})}{E_1} = E_2 + \lambda_1(\varepsilon_1 + \sqrt{B}).$$

Wegen $\varepsilon_1 = \lambda_2 E_2 - \varepsilon_2$ hat man

$$E_2 + \lambda_1(\varepsilon_1 + \sqrt{B}) = (\lambda_2\lambda_1 + 1)E_2 + \lambda_1(\sqrt{B} - \varepsilon_2);$$

multipliziert man mit $\varepsilon_2 + \sqrt{B}$, setzt $E_2 E_3$ an die Stelle von $B - \varepsilon_2^2$ und dividiert durch E_2, so ergibt sich

$$\frac{(\varepsilon + \sqrt{B})(\varepsilon_1 + \sqrt{B})(\varepsilon_2 + \sqrt{B})}{E_1 E_2} = \lambda_1 E_3 + (\lambda_2\lambda_1 + 1)(\varepsilon_2 + \sqrt{B}).$$

[**448**] Setzt man rechts $\lambda_3 E_3 - \varepsilon_3$ an die Stelle von ε_2, multipliziert mit $\varepsilon_3 + \sqrt{B}$ und dividiert durch E_3, nachdem $E_3 E_4$ statt $B - \varepsilon_3^2$ gesetzt ist, so erhält man

$$\begin{aligned}&\frac{(\varepsilon + \sqrt{B})(\varepsilon_1 + \sqrt{B})(\varepsilon_2 + \sqrt{B})(\varepsilon_3 + \sqrt{B})}{E_1 E_2 E_3} \\ &= (\lambda_2\lambda_1 + 1)E_4 + [\lambda_3(\lambda_2\lambda_1 + 1) + \lambda_1](\varepsilon_3 + \sqrt{B}),\end{aligned}$$

und ähnlich weiter.

Hieraus kann man leicht schließen, daß man für

$$(\varpi)\quad \begin{cases} l = 1, \\ l_1 = \lambda_1 l, \\ l_2 = \lambda_2 l_1 + l, \\ l_3 = \lambda_3 l_2 + l_1, \\ l_4 = \lambda_4 l_3 + l_2, \\ l_5 = \lambda_5 l_4 + l_3, \\ \cdots\cdots \end{cases}$$

allgemein erhält

$$\frac{(\varepsilon + \sqrt{B})(\varepsilon_1 + \sqrt{B})(\varepsilon_2 + \sqrt{B}) \cdots (\varepsilon_\varrho + \sqrt{B})}{E_1 E_2 E_3 \cdots E_\varrho}$$
$$= l_{\varrho-1} E_{\varrho+1} + l_\varrho (\varepsilon_\varrho + \sqrt{B}).$$

40. Nach den Formeln von Nr. **38** ist

$$R + S\sqrt{B} = \frac{(\varepsilon + \sqrt{B})(\varepsilon_1 + \sqrt{B}) \cdots (\varepsilon_{m-1} + \sqrt{B})}{E_1 E_2 \cdots E_{m-1}};$$

setzt man daher in der letzten Formel der vorangehenden Nummer $\varrho = m - 1$, so folgt

$$R + S\sqrt{B} = l_{m-2} E_m + l_{m-1}(\varepsilon_{m-1} + \sqrt{B}).$$

Nach der Voraussetzung (Nr. **37**) ist $E_m = 1$; überdies sind (Nr. **35**) die Größen $E_1, E_2, \cdots$ so beschaffen, daß $E_1 > \sqrt{B} - \varepsilon$, $E_2 > \sqrt{B} - \varepsilon_1, \cdots$ wird.[11] Deshalb hat man auch

$$E_m = 1 > \sqrt{B} - \varepsilon_{m-1},$$

oder

$$\varepsilon_{m-1} > \sqrt{B} - 1,$$

und weil ε_{m-1} gleichzeitig ganz, positiv und $< \sqrt{B}$ sein muß (Nr. **32**), so ist ε_{m-1} die ganze Zahl, die unmittelbar kleiner als $\sqrt{B}$ ist.

[**449**] Bezeichnet man diesen Näherungswert an $\sqrt{B}$ mit β, so ist $\varepsilon_{m-1} = \beta$, folglich

$$R + S\sqrt{B} = l_{m-2} + l_{m-1}(\beta + \sqrt{B}),$$
$$R = l_{m-2} + \beta l_{m-1}, \quad S = l_{m-1}.$$

So berechnet man R und S leicht mittels der Formeln (ϖ). Doch entziehen sich zwei Fälle diesen Formeln: der erste ist

$m = 0$ und der andere $m = 1$. In diesen Fällen würden nämlich die Indizes der l negativ werden, was nach den Formeln (ϖ) der vorhergehenden Nummer keine Bedeutung hätte.

I. Wenn $m = 0$ ist, was bei $E = 1$ eintritt, so liefern die Formeln aus Nr. **38** $u = n\mu$, und man findet einfach die Gleichung

$$[(\varepsilon + \sqrt{B})(\varepsilon_1 + \sqrt{B})(\varepsilon_2 + \sqrt{B}) \cdots (\varepsilon_{\mu-1} + \sqrt{B})]^n$$
$$= (EE_1 E_2 \cdots E_{\mu-1})^n (r + s\sqrt{B})$$

d. h.

$$(X + Y\sqrt{B})^n = r + s\sqrt{B};$$

stellt man das mit der allgemeinen Gleichung

$$(R + S\sqrt{B})(X + Y\sqrt{B})^n = r + s\sqrt{B}$$

zusammen, so ergibt sich $R + S\sqrt{B} = 1$ und daraus $R = 1$, $S = 0$. Man findet in diesem Falle also $r = \xi$ und $s = \psi$ (Nr. **38**).

II. Ist $m = 1$, was bei $E_1 = 1$ eintritt, so reduziert sich die allgemeine Formel

$$\frac{(\varepsilon + \sqrt{B})(\varepsilon_1 + \sqrt{B}) \cdots (\varepsilon_{m-1} + \sqrt{B})}{E_1 E_2 \cdots E_{m-1}} = R + S\sqrt{B}$$

auf

$$\varepsilon + \sqrt{B} = R + S\sqrt{B},$$

so daß $R = \varepsilon$ und $S = 1$ wird; da $\varepsilon = \varepsilon_{m-1} = \beta$ ist, so hat man in diesem Falle $R = \beta$ und $S = 1$.

[450] **41.** Nehmen wir jetzt $\varrho = \mu - 1$, so ergeben die Formeln von Nr. **38** und **39**

$$X + Y\sqrt{B} = \frac{l_{\mu-2} E_\mu + l_{\mu-1}(\varepsilon_{\mu-1} + \sqrt{B})}{E}.$$

Nun liefert (λ) die Gleichung

$$\varepsilon_{\mu-1} = \lambda_\mu E_\mu - \varepsilon_\mu.$$

Weil $E_\mu = E$, $\varepsilon_\mu = \varepsilon$ ist (Nr. **37**) und $\lambda_\mu l_{\mu-1} + l_{\mu-2} = l_\mu$ (Nr. **39**, ϖ), so wird

$$X + Y\sqrt{B} = l_\mu + \frac{l_{\mu-1}(\sqrt{B} - \varepsilon)}{E},$$

$$X = l_\mu - \frac{\varepsilon l_{\mu-1}}{E}, \qquad Y = \frac{l_{\mu-1}}{E}.$$

Obwohl diese Ausdrücke für X und Y in gebrochener Form erscheinen, so steht doch fest, daß sie stets ganze Zahlen liefern; denn sonst würden p und q nicht immer ganze Zahlen sein und das verstieße gegen die Natur unserer Formeln.[12])

Um aber auch hierüber keinen Zweifel zu lassen, werde ich noch andere Ausdrücke für X und Y geben, in die keine Brüche eintreten. Zu diesem Zwecke bemerke ich, daß wegen (Nr. **37**)

$$E_\mu = E, \quad E_{\mu+1} = E_1, \cdots; \quad \varepsilon_\mu = \varepsilon, \quad \varepsilon_{\mu+1} = \varepsilon_1, \cdots$$

die Größe $X + Y\sqrt{B}$, d. h.

$$\frac{(\varepsilon + \sqrt{B})(\varepsilon_1 + \sqrt{B})(\varepsilon_2 + \sqrt{B}) \cdots (\varepsilon_{\mu-1} + \sqrt{B})}{E E_1 E_2 \cdots E_{\mu-1}}$$

auch in die Form

$$\frac{(\varepsilon_m + \sqrt{B})(\varepsilon_{m+1} + \sqrt{B})(\varepsilon_{m+2} + \sqrt{B}) \cdots (\varepsilon_{m+\mu-1} + \sqrt{B})}{E_m E_{m+1} E_{m+2} \cdots E_{m+\mu-1}}$$

gebracht werden kann, und man beweist ähnlich wie in Nr. **39**, daß

$$\frac{(\varepsilon_m + \sqrt{B})(\varepsilon_{m+1} + \sqrt{B})}{E_{m+1}} = E_{m+2} + \lambda_{m+1}(\varepsilon_{m+1} + \sqrt{B}),$$

$$\frac{(\varepsilon_m + \sqrt{B})(\varepsilon_{m+1} + \sqrt{B})(\varepsilon_{m+2} + \sqrt{B})}{E_{m+1} E_{m+2}}$$
$$= \lambda_{m+1} E_{m+3} + (\lambda_{m+2}\lambda_{m+1} + 1)(\varepsilon_{m+2} + \sqrt{B})$$

[**451**] wird usw. Wir betrachten nun die Reihe

$$\lambda_{m+1}, \lambda_{m+2}, \lambda_{m+3}, \cdots \lambda_{m+\mu},$$

oder was wegen $\lambda_{\mu+1} = \lambda_1$, $\lambda_{m+2} = \lambda_2$, $\cdots$ dasselbe ist,

$$\lambda_{m+1}, \lambda_{m+2}, \lambda_{m+3}, \cdots \lambda_\mu, \lambda_1, \lambda_2, \lambda_3, \cdots \lambda_m$$

und bezeichnen sie einfacher mit

$$\Lambda_1, \Lambda_2, \Lambda_3, \cdots, \Lambda_\mu,$$

bilden dann mit ihrer Hilfe die Folge

$$(\varrho) \quad \begin{cases} L = 1, \\ L_1 = \Lambda_1 L, \\ L_2 = \Lambda_2 L_1 + L, \\ L_3 + \Lambda_3 L_2 + L_1, \\ \cdot\ \cdot\ \cdot\ \cdot\ \cdot\ \cdot \end{cases}$$

und erhalten

$$X + Y\sqrt{B} = \frac{L_{\mu-2} E_{m+\mu} + L_{\mu-1}(\varepsilon_{m+\mu-1} + \sqrt{B})}{E_m}.$$

Nun ist aber

$$E_m = 1, \quad E_{m+\mu} = E_m = 1; \quad \varepsilon_{m+\mu-1} = \varepsilon_{m-1} = \beta;$$

also wird

$$X + Y\sqrt{B} = L_{\mu-2} + L_{\mu-1}(\beta + \sqrt{B})$$

und man erhält als Ausdrücke in ganzer Form

$$X = \beta L_{\mu-1} + L_{\mu-2}, \quad Y = L_{\mu-1}.$$

[**452**] Es ist wichtig, hervorzuheben, daß die Größen X, Y nur von dem Werte des B, aber garnicht von dem des E abhängen, so daß, wenn diese Größen einmal gefunden sind, mit ihrer Hilfe alle Gleichungen der Form

$$\pm E = r^2 - Bs^2$$

mit gleichem B aufgelöst werden können.

Betrachtet man nämlich die Gleichung

$$\pm E_{m-1} E_m = B - \varepsilon_{m-1}^2,$$

die zu den Gleichungen ($\varkappa$) aus Nr. **31** gehört, und beachtet $E_m = 1$ und $\varepsilon_{m-1} = \beta$, so folgt

$$\pm E_{m-1} = B - \beta^2,$$

so daß E_m und E_{m-1} unabhängig von dem Werte E bestimmt sind; bildet man daher nach der Methode von Nr. **33** die Reihen $E_m, E_{m+1}, E_{m+2}, \cdots$ und $\varepsilon_m, \varepsilon_{m+1}, \varepsilon_{m+2}, \cdots$, so werden auch sie vollständig bestimmt sein (Nr. **35**) und mit ihnen auch die Größe

$$\frac{(\varepsilon_m + \sqrt{B})(\varepsilon_{m+1} + \sqrt{B}) \cdots (\varepsilon_{m+\mu-1} + \sqrt{B})}{E_m E_{m+1} E_{m+2} \cdots E_{m+\mu-1}};$$

es ist also $X + Y\sqrt{B}$ und damit auch X wie Y gegeben.

Ich behaupte weiter, daß diese ganzzahligen X und Y die Gleichung

$$X^2 - BY^2 = \pm 1$$

befriedigen. Nach Nr. **38** ist nämlich

$$X + Y\sqrt{B} = \frac{(\varepsilon + \sqrt{B})(\varepsilon_1 + \sqrt{B})(\varepsilon_2 + \sqrt{B}) \cdots (\varepsilon_{\mu-1} + \sqrt{B})}{E E_1 E_2 \cdots E_{\mu-1}};$$

verwandelt man $\sqrt{B}$ in $-\sqrt{B}$, so hat man auch

$$X - Y\sqrt{B} = \frac{(\varepsilon - \sqrt{B})(\varepsilon_1 - \sqrt{B})(\varepsilon_2 - \sqrt{B}) \cdots (\varepsilon_{\mu-1} - \sqrt{B})}{EE_1 E_2 \cdots E_{\mu-1}}.$$

[453] Multipliziert man die beiden letzten Gleichungen, so kommt heraus

$$X^2 - BY^2 = \frac{(\varepsilon^2 - B)(\varepsilon_1^2 - B)(\varepsilon_2^2 - B) \cdots (\varepsilon_{\mu-1}^2 - B)}{E^2 E_1^2 E_2^2 \cdots E_{\mu-1}^2}.$$

Nun liefern die Formeln ($\varkappa$)

$$\varepsilon^2 - B = -EE_1, \quad \varepsilon_1^2 - B = -E_1 E_2, \cdots,$$

so daß

$$X^2 - BY^2 = \pm \frac{EE_1 \cdot E_1 E_2 \cdot E_2 E_3 \cdots E_{\mu-1} E_\mu}{E^2 E_1^2 E_2^2 \cdots E_{\mu-1}^2}$$

$$= \pm \frac{E_\mu}{E} = \pm 1$$

wird, wo das obere Zeichen dem Falle eines geraden μ und das untere dem eines ungeraden μ entspricht.

42. Die Werte R_1 und S_1, die in die Ausdrücke von r_1 und s_1 eingehen, lassen sich ebenso wie R und S finden, indem man nämlich den Bruch

$$\frac{(\varepsilon_1 + \sqrt{B})(\varepsilon_2 + \sqrt{B}) \cdots (\varepsilon_{m-1} + \sqrt{B})}{E_2 E_3 \cdots E_{m-1}}$$

entwickelt; dabei stellen sich ganz ähnliche Ausdrücke wie für R und S ein, nur daß in den Formeln (ϖ) alle Indizes um eine Einheit vermehrt werden, d. h. daß man $l_1, l_2, l_3, \cdots$ an die Stelle von $l, l_1, l_2, \cdots$ und $\lambda_2, \lambda_3, \cdots$ an die von $\lambda_1, \lambda_2, \cdots$ setzt. Daher bekommt man für R_1 und S_1 ganze Zahlen, ebenso wie für R und S. Man kann sich übrigens die angegebenen Rechnungen ersparen, wenn man die Gleichung

$$r_1 + s_1\sqrt{B} = \frac{E_1(r + s\sqrt{B})}{\varepsilon + \sqrt{B}}$$

aus Nr. **38** heranzieht, die wegen $B - \varepsilon^2 = EE_1$ in

$$r_1 + s_1\sqrt{B} = \frac{(\sqrt{B} - \varepsilon)(r + s\sqrt{B})}{E} = \frac{Bs - \varepsilon r + (r - \varepsilon s)\sqrt{B}}{E}$$

übergeht, und aus der die Werte

$$r_1 = \frac{Bs - \varepsilon r}{E}, \qquad s_1 = \frac{r - \varepsilon s}{E}$$

folgen. [454] Aus den bekannten Werten von r und s ergeben sich also sofort die von r_1 und s_1; sie treten zwar unter gebrochener Form auf, werden aber stets ganzzahlig; denn sie sind mit denen aus Nr. **38** (Schluß) identisch und diese werden ganze Zahlen, weil, wie wir eben gezeigt haben, R_1, S_1, X und Y es stets sind.

43. Somit haben wir eine direkte und allgemeine Methode gegeben, um (wenn dies möglich ist) in ganzen Zahlen jede Gleichung von der Form

$$\pm E = r^2 - Bs^2$$

aufzulösen, falls in ihr $E < \sqrt{B}$ ist, und r, s zueinander teilerfremd sind.

Jetzt ist man auch imstande, jede Gleichung von der Form

$$A = p^2 - Bq^2$$

aufzulösen, wenn A eine ganze positive oder negative Zahl bedeutet (Nr. **28**).

Zu diesem Zwecke gehen wir von den Formeln (ε) und (η)

$$r\sigma - s\varrho = \pm 1 \quad \text{und} \quad rs_1 - sr_1 = \pm 1$$

aus, die

$$r(\sigma - s_1) - s(\varrho - r_1) = 0,$$

$$\frac{r}{s} = \frac{\varrho - r_1}{\sigma - s_1}$$

liefern. Da r und s teilerfremd sind, so ist

$$\varrho - r_1 = \lambda r, \quad \sigma - s_1 = \lambda s,$$
$$\varrho = \lambda r + r_1, \quad \sigma = \lambda s + s_1,$$

wo λ eine beliebige ganze Zahl bedeutet.

[**455**] Weiter ergeben dieselben Formeln (ε)

$$r\varrho - Bs\sigma = e.$$

Setzt man für ϱ und σ die eben gefundenen Werte ein, so entsteht

$$e = \lambda(r^2 - Bs^2) + rr_1 - Bss_1.$$

Da $r^2 - Bs^2 = \pm E$ und $rr_1 - Bss_1 = \mp \varepsilon$ (Nr. **31**) ist, so finden wir

$$\pm e = \lambda E - \varepsilon, \quad \text{d. h.} \quad \varepsilon = \lambda E \mp e.$$

Ferner muß nach (Nr. **33**)

$$\varepsilon < \sqrt{B} \quad \text{und} \quad \varepsilon > \sqrt{B} - E$$

sein, also $\lambda E \mp e < \sqrt{B}$ und $\lambda E \mp e > \sqrt{B} - E$. Dies liefert die beiden Bedingungen

$$\lambda < \frac{\sqrt{B} \pm e}{E}, \quad \lambda > \frac{\sqrt{B} \pm e}{E} - 1.$$

Aus ihnen kann man λ als die ganze Zahl bestimmen, die unmittelbar kleiner als $\frac{\sqrt{B} \pm e}{E}$ ist; denn λ ist ja eine ganze Zahl.

Sind also E und e bekannt (Nr. **28**), so kann man λ und dann ε angeben, ohne daß Probieren nötig wäre.

Ferner ist (Nr. **42**)

$$r_1 = \frac{Bs - \varepsilon r}{E}, \quad s_1 = \frac{r - \varepsilon s}{E}$$

und

$$\varrho = \lambda r + r_1, \quad \sigma = \lambda s + s_1;$$

daraus folgt

$$\varrho = \frac{(\lambda E - \varepsilon) r + Bs}{E}, \quad \sigma = \frac{(\lambda E - \varepsilon)s + r}{E},$$

und weil $\lambda E - \varepsilon \pm e$ ist,

$$\varrho = \frac{Bs \pm er}{E}, \quad \sigma = \frac{r \pm es}{E}.$$

[**456**] Diese Ausdrücke liefern stets ganze Zahlen, weil in den obigen Formeln*) r, s, r_1, s_1 und λ ganze Zahlen sind. Kennt man nun r, s, ϱ und σ, so kann man rückwärts gehend auch p und q finden (Nr. **28**).

Zu bemerken ist, daß das Vorzeichen von e in vorstehenden Formeln gleich dem von E in der Gleichung

$$\pm E = r^2 - Bs^2$$

anzunehmen ist. Wir haben aber gesehen (Nr. **28**), daß man, um alle möglichen Lösungen der Gleichung

$$A = p^2 - Bq^2$$

---

*) S. 69, Z. 7 v. u. *N.*

zu erlangen, e positiv und auch negativ anzunehmen hat, und daß im zweiten Falle die Zeichen von $\mu_1, \mu_2, \mu_3, \cdots$ in den Formeln (γ) geändert werden müssen. Jeder Wert von e gibt danach zwei Werte von ε (die freilich auch zusammenfallen können), und auch je zwei Werte von R, S; r, s; ϱ, σ, woraus man zwei allgemeine Ausdrücke für p und für q erhält.

44. Aus Nr. 38 entnehmen wir

$$r = R\xi + BS\psi, \quad s = R\psi + S\xi$$

und aus der vorigen Nummer

$$\varrho = \frac{Bs \pm er}{E}, \quad \sigma = \frac{r \pm es}{E};$$

führt man nun zur Abkürzung

$$T = \frac{Bs \pm eR}{E}, \quad V = \frac{R \pm eS}{E}$$

ein, so erhält man

$$\varrho = T\xi + RV\psi, \quad \sigma = T\psi + V\xi.$$

[457] Aus den Formeln (γ) erkennt man, daß die Werte von r, s; ϱ, σ, nämlich p_n, q_n; p_{n+1}, q_{n+1} (Nr. 28) für p und q Ausdrücke von der Form

$$p = (fR + gT)\xi + B(fS + gV)\psi$$
$$q = (fR + gT)\psi + (fS + gV)\xi$$

geben*), wobei f und g ganze Zahlen sind, die von den Zahlen $\mu_1, \mu_2, \mu_3, \cdots$ abhängen. Endlich ist nach Nr. 28

$$\xi = \frac{(X + Y\sqrt{B})^n + (X - Y\sqrt{B})^n}{2},$$

$$\psi = \frac{(X + Y\sqrt{B})^n - (X - Y\sqrt{B})^n}{2\sqrt{B}},$$

oder, wenn man die n^{ten} Potenzen entwickelt,[4])

$$\xi = X^n + \binom{n}{2} X^{n-2}Y^2B + \binom{n}{4} X^{n-4}Y^4B^2 + \cdots,$$

$$\psi = \binom{n}{1} X^{n-1}Y + \binom{n}{3} X^{n-3}Y^3B + \cdots.$$

---

*) da nämlich $\frac{p}{q}$ aus zwei aufeinander folgenden Näherungsbrüchen $\frac{p_n}{q_n}$ und $\frac{p_{n+1}}{q_{n+1}}$ berechnet werden kann, und dabei $p = f \cdot p_n + g \cdot p_{n+1}$; $q = f \cdot q_n + g \cdot q_{n+1}$ wird. *N.*

Da n jede beliebige ganze positive Zahl sein kann, für die $n\mu + m$ gerade oder ungerade wird, je nachdem in der Gleichung

$$\pm E = r^2 - Bs^2$$

das obere oder das untere Zeichen gilt (Nr. **37**), so hat jede Gleichung von der Form

$$A = p^2 - Bq^2$$

bei positivem B, wenn sie überhaupt lösbar ist, eine unendliche Anzahl von Lösungen; die Anzahl der Lösungen dieser Art von Gleichungen ist also immer gleich Null oder gleich Unendlich, während sie bei negativem B stets eine endliche ist (Nr. **27**).

45. *Euler* hat im Band IX der Novi Commentarii Petropolitani 1762, p. 3 eine sehr schöne Methode angegeben, eine unendliche Anzahl von Lösungen der Gleichungen von der Form

$$A + Cq + Bq^2 = p^2$$

in ganzen Zahlen zu finden, wenn man eine Lösung kennt. [**458**] Wir folgen dieser Methode, setzen der Vereinfachung halber $C = 0$, bezeichnen mit P und Q die bekannten Werte von p und q, so daß $P^2 - BQ^2 = A$ wird, und mit X und Y ganze Zahlen, für die $X^2 - BY^2 = 1$ wird; dann hat man allgemein, wenn man die Ausdrücke der vorigen Nummer für ξ und ψ beibehält

$$p = \pm P\xi + BQ\psi, \quad q = \pm P\psi + Q\xi;$$

dabei kann der Exponent, der in den Größen ξ und ψ auftritt, eine beliebige positive oder negative Zahl sein.

Es ist nicht schwer, sofort zu zeigen, daß diese Formeln nur Lösungen liefern, die unter denen unserer Methode enthalten sind. Denn das folgt offenbar daraus, daß unsere Methode eben alle möglichen Lösungen gibt. Aber man darf nicht glauben, daß die Formeln, um die es sich handelt, alle möglichen Lösungen aus einem Wertepaar für P und Q liefern können.

Um dies allgemein zu zeigen, bemerken wir zunächst, daß ein negatives n keine neuen Werte für ξ und ψ liefert, sondern daß die Größe ξ ungeändert bleibt, während ψ einfach den negativen Wert annimmt. Wenn wir nämlich $-n$ für n einsetzen, so entsteht (Nr. **44**)

$$\xi = \frac{1}{2(X+Y\sqrt{B})^n} + \frac{1}{2(X-Y\sqrt{B})^n} = \frac{(X-Y\sqrt{B})^n + (X+Y\sqrt{B})^n}{2(X^2 - BY^2)^n},$$

und ebenso

$$\psi = \frac{(X - Y\sqrt{B})^n - (X + Y\sqrt{B})^n}{2(X^2 - BY^2)^n \sqrt{B}};$$

der Voraussetzung nach ist $X^2 - BY^2 = 1$; daher wird

$$\xi = \frac{(X + Y\sqrt{B})^n + (X - Y\sqrt{B})^n}{2},$$

$$\psi = -\frac{(X + Y\sqrt{B})^n - (X - Y\sqrt{B})^n}{2\sqrt{B}}.$$

[459] Statt also n positiv und negativ anzunehmen, genügt es, n positiv zu lassen und dem ψ das Plus- und das Minuszeichen zu geben. Dies wollen wir tun. Ferner setzen wir voraus, P_1 und Q_1 seien zwei neue Werte von p und q, die der Gleichung

$$p^2 - Bq^2 = A$$

genügen, so daß man auch

$$P_1^2 - BQ_1^2 = A$$

hat. Wir wollen untersuchen, ob diese Werte P und Q unter den vorhergehenden Ausdrücken von p und q enthalten sind. Wir setzen

$$P_1 = \pm P\xi + BQ\psi, \quad Q_1 = \pm P\psi + Q\xi$$

und entnehmen hieraus die Werte von ξ und ψ, die wegen $P^2 - BQ^2 = A$

$$\xi = \frac{\pm PP_1 - BQQ_1}{A}, \quad \psi = \frac{\pm PQ_1 - QP_1}{A}$$

werden. Weil X und Y nach der Voraussetzung ganzzahlig sind, und n eine positive ganze Zahl ist, so sind ξ und ψ stets ganz; daher muß sowohl $\pm PP_1 - BQQ_1$, wie $\pm PQ_1 - QP_1$ durch A teilbar sein, wenn man das eine oder das andere Vorzeichen nimmt. Zuerst bemerke ich, daß, wenn die zweite jener Größen durch A teilbar ist, die erste es auch sein muß; denn da

$$A = P^2 - BQ^2 \quad \text{und} \quad A = P_1^2 - BQ_1^2$$

ist, so wird (Nr. 9)

$$A^2 = (PP_1 \pm BQQ_1)^2 - B(PQ_1 \pm QP_1)^2.$$

Hieraus erkennt man, daß, wenn $PQ_1 \pm QP_1$ durch A teilbar ist, auch $PP_1 \pm BQQ_1$ es sein muß. Die Frage kommt also darauf hinaus, ob $PQ_1 \pm QP_1$ stets durch A teilbar ist, falls $P^2 - BQ^2 = A$ und $P_1^2 - BQ_1^2 = A$ ist. Da diese beiden Bedingungen die Zahl B enthalten, die in $PQ_1 \pm QP_1$ nicht mehr vorkommt, so bekommen wir durch Elimination von B die einzige Bedingung

$$A(Q_1^2 - Q^2) = P^2 Q_1^2 - Q^2 P_1^2 = (PQ_1 + QP_1)(PQ_1 - QP_1),$$

aus der man ersieht, daß die Teilbarkeit einer der beiden Größen $PQ_1 + QP_1$, $PQ_1 - QP_1$ durch A nicht durchaus notwendig ist, außer für Primzahlen A. [**460**] So oft also A keine Primzahl ist, kann die Gleichung

$$A = p^2 - Bq^2$$

Lösungen besitzen, die durch die *Euler*schen Formeln nicht gegeben werden.

Um auch an einem Beispiel den Nachweis zu liefern, sei $A = ab$, und es gelte $a = f^2 - Bg^2$, $b = h^2 - Bl^2$; dann ist

$$A = (fh \pm Blg)^2 - B(fl \pm hg)^2;$$

man kann also

$$P = fh + Blg, \quad Q = fl + hg,$$
$$P_1 = fh - Blg, \quad Q_1 = fl - hg$$

nehmen. Dann wird

$$PQ_1 + QP_1 = 2lh(f^2 - Bg^2) = 2lha \qquad PQ_1 - QP_1 = -2fg(h^2 - Bl^2) = -2fgb.$$

Damit eine dieser beiden Größen durch $A = ab$ teilbar sei, muß $2lh$ durch b, oder $2fg$ durch a teilbar sein; das wird unendlich oft nicht eintreten, sicher z. B. dann nicht, wenn a und b zwei ungerade Primzahlen sind, weil es dabei wegen der Gleichungen $a = f^2 - Bg^2$ und $b = h^2 - Bl^2$ nicht möglich ist, daß f oder g durch a teilbar sei, sowie h oder l durch b.

Damit die *Euler*schen Formeln alle möglichen Lösungen geben könnten, müßten gebrochene Werte von ξ und von ψ gestattet sein. *Euler* bemerkt in der Tat auch selbst in Nr. 25 der ersten Abhandlung des angegebenen Bandes, daß, wenn man in den Fällen, in denen das möglich ist, für X und für Y gebrochene Zahlen mit dem Nenner 2 nimmt, sich häufig bei weitem mehr Lösungen ergeben, als wenn man für X und Y nur ganze Zahlen nimmt; [461] *Euler* scheint dabei zu glauben, daß man auf diese Weise alle möglichen Lösungen der vorgelegten Gleichung erhalten könne. Nehmen wir aber allgemein für X und Y Brüche mit dem Nenner 2, oder auch, setzen wir $\frac{1}{2}X$ und $\frac{1}{2}Y$ an Stelle von X und Y in den Ausdrücken für ξ und ψ, so werden ξ und ψ durch $\frac{\xi}{2^n}$ und $\frac{\psi}{2^n}$ zu ersetzen sein. In diesem Falle hat man also

$$\frac{\xi}{2^n} = \frac{\pm PP_1 - BQQ_1}{A}, \quad \frac{\psi}{2^n} = \frac{\pm PQ_1 - QP_1}{A},$$

$$\xi = \frac{2^n(\pm PP_1 - BQQ_1)}{A}, \quad \psi = \frac{2^n(\pm PQ_1 - QP_1)}{A};$$

hieraus kann man, falls A keine Potenz von 2 ist, dieselben Schlüsse wie oben ziehen. Auch diese Verallgemeinerung genügt also nicht, um in allen Fällen sämtliche möglichen Lösungen aus einer gegebenen herzuleiten.

Beispiele.

46. Wir wollen jetzt einige Beispiele geben, um den Gebrauch der vorstehenden Methoden zu zeigen. Zunächst betrachten wir den Fall eines negativen B, nacher den eines positiven B.

Beispiel I. Zur Auflösung sei die Gleichung

$$109 = u^2 + 7t^2$$

vorgelegt; u und v sollen ganze Zahlen werden.

Da 109 keinen quadratischen Faktor enthält, so müssen u und t teilerfremd sein (Nr. **22**); man setzt $u = p$, $t = q$, $A = 109$, $B = -7$, um auf die Gleichung von Nr. **23** zu kommen. Man hat also die Gleichung

$$109 = p^2 + 7q^2$$

aufzulösen. Zuerst muß man eine Zahl $\alpha < \frac{109}{2}$ suchen, für die $\alpha^2 + 7$ durch 109 teilbar ist, oder einfacher ein Vielfaches von 109 von der Form $\alpha^2 + 7$ (Nr. **20**, Beispiel I); [**462**] man findet

$$109 \cdot 23 = 50^2 + 7;$$

a wird also 50. Nachdem a gefunden, bildet man eine Reihe von Gleichungen, denen aus Nr. **26** analog, bis man zu einem Gliede $A_n \leqq 7$ kommt. Dabei findet man

$$109 \cdot 23 = 50^2 + 7, \quad a = 50, \quad A_1 = 23,$$
$$23 \cdot 1 = 4^2 + 7, \quad a_1 = -2A_1 + a = 4, \quad A_2 = 1 = A_n$$

und

$$p = p_2 + 2p_1; \quad q = q_2 + 2q_1;\text{*)}$$

da man $A_n = 1 = A_2$ gefunden hat, so wird (Nr. **27**)

$$p_2 = 1, \qquad q_2 = 0,$$
$$p_1 = a_1 = 4, \quad q_1 = 1;$$

und daher

$$p = 9, \quad q = 2.$$

Weil **109** eine Primzahl ist, so gibt es keine andere Zahl a mit den verlangten Eigenschaften (Nr. **24**); folglich hat die vorgelegte Gleichung nur eine Lösung in ganzen Zahlen, nämlich $u = 9$, $t = 2$.

Beispiel II. Zur Auflösung sei die Gleichung

$$909 = u^2 + 17t^2$$

vorgelegt; u und v sollen ganze Zahlen sein.

Da 909 keine Primzahl ist, sehen wir zuerst nach, ob sie einen quadratischen Faktor enthält; nun ist $909 = 101 \cdot 9$ und 101 ist prim. Man kann also zwei Annahmen machen (Nr. **22**), erstens $u = p$, $t = q$, $A = 909$ und kommt so zur Gleichung

$$\text{(A)} \qquad 909 = p^2 + 17q^2;$$

zweitens $\varrho = 3$, $u = 3p$, $t = 3q$, $A = 101$, was auf

$$\text{(B)} \qquad 101 = p^2 + 17q^2$$

führt.

[**463**] Beginnen wir mit (A), so müssen wir eine Zahl $a < \frac{1}{2} \cdot 909$ suchen, für die $a^2 + 17$ durch 909 teilbar wird, oder, was auf das Gleiche hinausläuft, eine Zahl $A_1 < \frac{1}{4}A + 1 < 229$, die mit 909 multipliziert die Summe aus einem Quadrate und der Zahl 17 gibt (Nr. **20**).

---

*) aus $p_{k+1} = p_{k+1} - \mu_k p_k$, wobei hier $\mu_1 = -2$ zu setzen ist. N.

Nach einigen Versuchen fand ich $A_1 = 149$ und $\alpha = 368$; ich bilde mit Hilfe dieser Werte die folgenden Gleichungen, entsprechend denen aus Nr. **26**

$$909 \cdot 149 = 368^2 + 17,\quad \alpha = 368,\qquad A_1 = 149$$
$$149 \cdot 33 = 70^2 + 17,\quad \alpha_1 = -2A_1 + \alpha = 70,\quad A_2 = 33$$
$$33 \cdot 1 = 4^2 + 17,\quad \alpha_2 = -2A_2 + \alpha_1 = 4,\quad A_3 = 1 = A_n.$$

Folglich wird*)

$$p = p_2 + 2p_1,\quad q = q_2 + 2q_1,$$
$$p_1 = p_3 + 2p_2,\quad q_1 = q_3 + 2q_2;$$

da $A_3 = 1$, so ist (Nr. **27**)

$$p_3 = 1,\qquad q_3 = 0,$$
$$p_2 = \alpha_2 = 4,\quad q_2 = 1$$

und also

$$p_1 = 9,\quad q_1 = 2,$$
$$p = 22,\quad q = 5.$$

Dies gibt als erste Lösung der vorgelegten Gleichung

$$u = 22,\quad t = 5.$$

Da 909 nicht prim ist, kann man (Nr. **24**) noch andere Werte von α finden; zerlegt man 909 in seine Primfaktoren, so findet man $101 \cdot 3 \cdot 3$, so daß man nur $a = 101$ und $b = 9$ annehmen darf; das gibt nur einen einzigen Wert von α (Nr. **24**). Sucht man den letzten der, auf $\frac{a}{b} = \frac{101}{9}$ hin konvergierenden Näherungsbrüche (Nr. **29**), so findet man $\frac{45}{4}$.

Man bekommt also $a_1 = 45$, $b_1 = 4$, und da $\frac{45}{4} > \frac{101}{9}$ ist, so ergibt sich

$$\omega = (1 + 2 \cdot 101 \cdot 4)\alpha,$$

d. h. wegen $\alpha = 368$

$$\omega = 297\,712.$$

[**464**] Aus $A = 909$ folgt also

$$\beta = 909m \pm 297\,712 = 440,$$

---

*) da $\mu_1 = \mu_2 = -2$ ist. *N.*

wenn man das untere Zeichen nimmt und $m = 328$ macht, um $\beta < \frac{1}{2}A$ zu erlangen. Dies ist der neue Wert von α und der einzige, der auf diese Weise gefunden werden kann; es ist also vergeblich, nach weiteren zu suchen.

Unter Benutzung dieses Wertes findet man die Gleichungen

$$909 \cdot 213 = 440^2 + 17, \quad \alpha = 440, \quad A_1 = 213,$$
$$213 \cdot 1 = 14^2 + 17, \quad \alpha_1 = -2A_1 + \alpha = 14, \quad A_2 = 1$$

und daraus

$$p = p_2 + 2p_1, \quad q = q_2 + 2q_1.$$

Aus $A_2 = 1$ findet man (Nr. 27)

$$p_2 = 1, \quad q_2 = 0,$$
$$p_1 = \alpha_1 = 14, \quad q_1 = 1,$$

daher

$$p = 29, \quad q = 2.$$

Sonach haben wir die zweite Lösung

$$u = 29, \quad t = 2.$$

Da es keine anderen Werte von α gibt, so liefert (A) auch keine zweiten Lösungen; wir gehen daher zur Gleichung (B) über.

Hier ist $A = 101$; wir bestimmen deshalb α so, daß $\alpha^2 + 17$ durch 101 teilbar wird, und daß gleichzeitig $\alpha < \frac{1}{2}A < 51$ ist. Nun fanden wir schon oben, daß $368^2 + 17$ durch 909 teilbar ist; folglich ist es auch durch 101 teilbar; [**465**] man braucht also nur $\alpha = 101m \pm 368$ zu setzen und m sowie das Vorzeichen so zu bestimmen, daß $\alpha < \frac{101}{2}$ wird. Dies tritt für $m = 4$ und das untere Vorzeichen ein; man erhält $\alpha = 36$.

Mit Hilfe dieses Wertes bilden wir die Gleichungen

$$101 \cdot 13 = 36^2 + 17, \quad \alpha = 36, \quad A_1 = 13 < 17,$$

aus denen man ersieht, daß, weil $A_1 < 17$, jedoch von 1 verschieden ist, die Gleichung (B) nicht lösbar ist, wenigstens nicht unter Benutzung des oben gefundenen Wertes von α (Nr. 27); nun besteht aber, da 101 eine Primzahl ist, kein anderer Wert von α, und so folgt, daß die Gleichung (B) überhaupt keine Lösung in ganzen Zahlen zuläßt. Es hat demnach die vorgelegte Gleichung

$$909 = u^2 + 17t^2$$

nur die beiden oben gefundenen Lösungen.

Jetzt wollen wir B positiv annehmen.

Beispiel III. Zur Lösung sei die Gleichung des ersten Beispiels aus Nr. **20**, nämlich

$$109 = u^2 - 7t^2$$

vorgelegt mit der Bedingung, daß u und t ganze Zahlen seien.

Da 109 eine Primzahl ist, so ist nur $u = p$, $t = q$ möglich, also ist $A = 109$, $B = 7$; man hat daher jetzt die Gleichung aufzulösen

$$109 = p^2 - 7q^2.$$

Im angeführten Beispiele hatten wir bereits $\alpha = 15$, $A_1 = 2$ gefunden; das ergibt

$$109 \cdot 2 = 15^2 - 7, \quad \alpha = 15, \quad A_1 = 2,$$
$$2 \cdot (-3) = 1^2 - 7, \quad \alpha_1 = -7A_1 + \alpha = 1, \quad A_2 = -3$$

und weiter

$$p = p_2 + 7p_1, \quad q = q_2 + 7q_1.$$

Weil nun $\alpha_1 < \sqrt{B}$ und auch $A_1 < \sqrt{B}$ ist, so setzt man (Nr. **28**)

$$\alpha_1 = e = 1, \quad A_1 = \pm E = 2, \quad A_2 = \mp D = -3.$$

[**466**] Demnach ist, wenn man die oberen Vorzeichen wählt, $E = 2$, $D = -3$, daher

$$p_1 = r, \quad q_1 = s, \quad p_2 = \varrho, \quad q_2 = \sigma.$$

Folglich hat man die Gleichung

$$2 = r^2 - 7s^2$$

zu lösen. Da $E = 2$, $B = 7$, $e = 1$ ist, so wird (Nr. **43**) $\lambda < \frac{\sqrt{7}+1}{2}$, aber $> \frac{\sqrt{7}+1}{2} - 1$; und weil $\sqrt{7}$ angenähert 2 ist,

$$\lambda = 1, \text{ also } \varepsilon = E - e = 1 \qquad (\text{Nr. } \mathbf{43}).$$

Nachdem so ε gefunden ist, bildet man mit Hilfe der Formeln ($\varkappa$), (λ), (μ) aus Nr. **31**, **32** folgende Reihen, in denen das Zeichen $<$ bedeuten soll, daß man die, der rechtsstehenden nächst kleinere ganze Zahl zu nehmen hat,

$$E = 2, \qquad \varepsilon = 1,$$

$$E_1 = \frac{7-1}{2} = 3, \quad \lambda_1 < \frac{\sqrt{7}+1}{3} = 1, \quad \varepsilon_1 = 1 \cdot 3 - 1 = 2,$$

$$E_2 = \frac{7-4}{3} = 1, \quad \lambda_2 < \frac{\sqrt{7}+2}{1} = 4, \quad \varepsilon_2 = 4 \cdot 1 - 2 = 2,$$

$$E_3 = \frac{7-4}{1} = 3, \quad \lambda_3 < \frac{\sqrt{7}+2}{3} = 1, \quad \varepsilon_3 = 1 \cdot 3 - 2 = 1,$$

$$E_4 = \frac{7-1}{3} = 2, \quad \lambda_4 < \frac{\sqrt{7}+1}{2} = 1, \quad \varepsilon_4 = 1 \cdot 2 - 1 = 1,$$

$$E_5 = \frac{7-1}{2} = 3, \quad \lambda_5 < \frac{\sqrt{7}+1}{3} = 1, \quad \varepsilon_5 = 1 \cdot 3 - 1 = 2, \cdots$$

Es ist $E_4 = E$, $E_5 = E_1$; nach Nr. **37** ist $E_4 = E_\mu$ zu nehmen, d. h. $\mu = 4$; und da $E_2 = 1$ ist, so wird man $E_2 = E_m$ setzen, d. h. $m = 2$. Wir haben die oberen Zeichen gewählt; ferner ist m gerade; daher wird die Gleichung lösbar sein (Nr. **37**, I.).

[**467**] Man sucht demnach die Werte $l, l_1, l_2, \cdots l_\mu$, wie das in den Formeln (ϖ) aus Nr. **39** dargelegt ist. Es folgt

$$\begin{aligned} l &= 1, \\ l_1 &= 1 \cdot l = 1, \\ l_2 &= 4 \cdot l_1 + l = 5, \\ l_3 &= 1 \cdot l_2 + l_1 = 6, \\ l_4 &= 1 \cdot l_3 + l_2 = 11. \end{aligned}$$

Hiernach geben die Formeln von Nr. **40** und **41**, da β als ganze Zahl, die unmittelbar kleiner ist als $\sqrt{7}$, gleich 2 anzunehmen ist,

$$R = 2l_1 + l = 3, \quad S = l_1 = 1,$$
$$X = l_4 - \tfrac{1}{2} l_3 = 8, \quad Y = \tfrac{1}{2} l_3 = 3;$$

also

$$\xi = \frac{(8 + 3\sqrt{7})^n + (8 - 3\sqrt{7})^n}{2},$$

$$\eta = \frac{(8 + 3\sqrt{7})^n - (8 - 3\sqrt{7})^n}{2\sqrt{7}};$$

n kann irgend welche positive ganze Zahl sein, für die $n\mu + m = 4n + 2$ gerade wird; d. h. hier, für n darf irgend welche positive ganze Zahl genommen werden. So erlangt man (Nr. **38**)

$$r = 3\xi + 7\psi, \quad s = 3\psi + \xi$$

und nach Nr. **44**, wenn man immer die oberen Zeichen nimmt,

$$T = \frac{7+3}{2} = 5, \quad V = \frac{3+1}{2} = 2,$$

so daß

$$\varrho = 5\xi + 14\psi, \quad \sigma = 5\psi + 2\xi$$

wird. Da $r = p_1$, $s = q_1$, $\varrho = p_2$, $\sigma = q_2$ ist, so hat man

$$p = \varrho + 7r = 26\xi + 63\psi,$$
$$q = \sigma + 7s = 26\psi + 9\xi.$$

[**468**] Wir hatten zunächst $e = 1$, d. h. e positiv gewählt; jetzt sei $e = -1$. In diesem Falle ist (Nr. **43**)*)

$$p = p_2 - 7p_1, \quad q = q_2 - 7q_1.$$

Für $e = -1$ wird $\lambda < \frac{\sqrt{7}-1}{2}$ und $> \frac{\sqrt{7}-1}{2} - 1$, also

$$\lambda = 0 \quad \text{und deshalb} \quad \varepsilon = -e = 1$$

wie oben. Man erhält daher dieselben Werte für R, S; X, Y, folglich dieselben auch für ξ, ψ; r, s. Jetzt hat man also

$$T = \frac{7-3}{2} = 2, \quad V = \frac{3-1}{2} = 1;$$

$$\varrho = 2\xi + 7\psi, \quad \sigma = 2\psi + \xi;$$
$$p = \varrho - 7r = -19\xi - 42\psi,$$
$$q = \sigma - 7s = -19\psi - 6\xi$$

oder, wenn man die Zeichen ändert,

$$p = 19\xi + 42\psi, \quad q = 19\psi + 6\xi.$$

Da 109 eine Primzahl ist, so gibt es keinen anderen Wert für α (Nr. **24**), und die vorangehenden beiden Paare von Ausdrücken für p und q enthalten alle Lösungen der vorgelegten Gleichung.

Beispiel IV. Es sei die Gleichung

$$1459 = u^2 - 30t^2$$

vorgelegt. Da 1459 eine Primzahl ist, so muß

*) denn wegen $\alpha_1 = \mu_1 A - \alpha$, d. h. $-1 = 2\mu_1 - 15$, wird $\mu_1 = 7$. *N.*

$$p = u, \quad q = t, \quad A = 1459, \quad B = 30$$

sein, und man braucht nur die Gleichung

$$1459 = p^2 - 30q^2$$

zu lösen. [469] Hierfür ist zuerst eine Zahl $\alpha < \frac{1}{2} \cdot 1459$ zu suchen, für die $\alpha^2 - 30$ durch 1459 teilbar wird; oder auch, ganz so wie schon im Beispiel IV aus Nr. **20**, eine Zahl $A_1 < \frac{A}{2} < \frac{1459}{2}$, für die das um 30 vermehrte Produkt in 1459 ein Quadrat ist. Man findet $A_1 = 241$, $\alpha = 593$ und bildet hiermit die Gleichungen

$$\begin{array}{lll}
1459 \cdot 241 = 593^2 - 30, & \alpha = 593, & A_1 = 241, \\
241 \cdot 51 = 111^2 - 30, & \alpha_1 = -2A_1 + \alpha = 111, & A_2 = 51, \\
51 \cdot 1 = 9^2 - 30, & \alpha_2 = -2A_2 + \alpha_1 = 9, & A_3 = 1, \\
1 \cdot (-5) = 5^2 - 30, & \alpha_3 = -4A_3 + \alpha_2 = 5, & A_4 = -5;
\end{array}$$

hieraus ergibt sich

$$\begin{array}{ll}
p = p_2 + 2p_1, & q = q_2 + 2q_1, \\
p_1 = p_3 + 2p_2, & q_1 = q_3 + 2q_2, \\
p_2 = p_4 + 4p_3, & q_2 = q_4 + 4q_3.
\end{array}$$

Da $\alpha_3 < \sqrt{B}$ ist, und A_3 und A_4 auch $< \sqrt{B}$ sind, so setzt man

$$\alpha_3 = 5 = e; \quad A_3 = \pm E = 1, \quad A_4 = \mp D = -5;$$

dann wird bei der Wahl der oberen Vorzeichen $E = 1$, $D = 5$. Ferner setzen wir

$$p_3 = r, \quad q_3 = s; \quad p_4 = \varrho, \quad q_4 = \sigma$$

und haben die Gleichung

$$1 = r^2 - 30s^2$$

zu lösen. Wegen $E = 1$, $B = 30$, $e = 5$ wird (Nr. **43**) $\lambda < \frac{\sqrt{30} + 5}{1}$ und $> \frac{\sqrt{30} + 5}{1} - 1$, d. h.

$$\lambda = 10 \quad \text{und} \quad \varepsilon = \lambda E - e = 5.$$

Nachdem so ε bestimmt ist, bildet man (Nr. **31** und **33**) die Reihen

$$E = 1, \qquad \varepsilon = 5,$$

$$E_1 = \frac{30-25}{1} = 5, \ \lambda_1 < \frac{\sqrt{30}+5}{5} = 2, \ \varepsilon_1 = 2\cdot 5 - 5 = 5,$$

$$E_2 = \frac{30-25}{5} = 1, \ \lambda_2 < \frac{\sqrt{30}+5}{1} = 10, \ \varepsilon_2 = 10\cdot 1 - 5 = 5,$$

$$E_3 = \frac{30-25}{1} = 5, \ \lambda_3 < \frac{\sqrt{30}+5}{10} = 1, \ \varepsilon_3 = 1\cdot 5 - 5 = 0.$$

[**470**] Da $E_2 = E$ und $E_3 = E_1$ ist, so hat man $E_2 = E_\mu$ zu setzen (Nr. **37**), d. h. $\mu = 2$; und da gleichzeitig $E = 1$ ist, so findet man $E_m = E$, d. h. $m = 0$. Das gibt sofort $R = 1$, $S = 0$ und $r = \xi$, $s = \psi$ (Nr. **40**). Nach Nr. **39** ist die Reihe l, l_1, l_2 zu bilden; man erhält

$$l = 1, \quad l_1 = 2l = 2, \quad l_2 = 10 l_1 + l = 21,$$

und wegen $\mu = 2$ ergibt sich (Nr. **41**, **38**)

$$X = l_2 - 5 l_1 = 11, \quad Y = l_1 = 2;$$

$$\xi = \frac{(11 + 2\sqrt{30})^n + (11 - 2\sqrt{30})^n}{2},$$

$$\psi = \frac{(11 + 2\sqrt{30})^n - (11 - 2\sqrt{30})^n}{2\sqrt{30}};$$

dabei muß n so beschaffen sein, daß $n\mu + m = 2n$ gerade wird, was hier für jeden ganzzahligen Wert von n erfüllt ist (Nr. **37**). Aus $R = 1$, $S = 0$, $E = 1$, $e = 5$ folgt (Nr. **44**)

$$T = 5, \quad V = 1;$$

$$\varrho = 5\xi + 30\psi, \quad \sigma = 5\psi + \xi.$$

Nun gilt, wie schon oben hervorgehoben wurde,

$$p_3 = r, \quad q_3 = s; \quad p_4 = \varrho, \quad q_4 = \sigma;$$

demnach findet man, rückwärts aufsteigend*),

$$p_2 = \varrho + 4r = 9\xi + 30\psi, \quad q_2 = \sigma + 4s = 9\psi + \xi,$$

$$p_1 = r + 2p_2 = 19\xi + 60\psi, \quad q_1 = s + 2q_2 = 19\psi + 2\xi,$$

$$p = p_2 + 2p_1 = 47\xi + 150\psi, \quad q = q_2 + 2q_1 = 47\psi + 5\xi.$$

---

*) weil $r = R\xi + BS\psi = \xi$ und $s = R\psi + S\xi = \psi$ wird. *N.*

[471] Jetzt wollen wir zweitens e auch negativ $= -5$ annehmen (Nr. 43). Dafür wird

$$p = p_2 - 2p_1, \quad q = q_2 - 2q_1,$$
$$p_1 = p_3 - 2p_2, \quad q_1 = q_3 - 2q_2,$$
$$p_2 = p_4 - 4p_3, \quad q_2 = q_4 - 4q_3.$$

Ferner ist $\lambda < \frac{\sqrt{30}-5}{1}$ und $> \frac{\sqrt{30}-5}{1} - 1$, d. h.

$$\lambda = 0, \quad \text{also} \quad \varepsilon = \lambda E - e = 5$$

wie oben. Die Werte von ξ und ψ sind also den oben gefundenen gleich. Für T und V findet man wegen $R=1$, $S=0$, $e = -5$, $E=1$

$$T = -5, \quad V = 1,$$

also

$$\varrho = -5\xi + 30\psi, \quad \sigma = -5\psi + \xi,$$

sowie hieraus

$$p_2 = \varrho - 4r = -9\xi + 30\psi, \quad q_2 = \sigma - 4s = -9\psi + \xi,$$
$$p_1 = r - 2p_2 = +19\xi - 60\psi, \quad q_1 = s - 2q_2 = +19\psi - 2\xi,$$
$$p = p_2 - 2p_1 = -47\xi + 150\psi, \quad q = q_2 - 2q_1 = -47\psi + 5\xi.$$

Verbindet man die beiden Resultate, die sich für p und q ergeben haben, so hat man als allgemeine Lösung

$$p = \pm 47\xi + 150\psi, \quad q = \pm 47\psi + 5\xi,$$

denn da 1459 eine Primzahl ist, so gibt es keine anderen Lösungen.

Beispiel V. Vorgelegt sei die Gleichung

$$210 = u^2 - 46t^2;$$

von der bereits die Lösung $u = 292$, $t = 43$ gegeben ist. Man fordert alle anderen möglichen ganzzahligen Lösungen.

Da 210 keinen quadratischen Faktor enthält, müssen u und t teilerfremd sein (Nr. 22); sonach wird

$$u = p, \quad t = q, \quad A = 210, \quad B = 46$$

und die aufzulösende Gleichung lautet

$$210 = p^2 - 46q^2.$$

[472] Da man schon ein Wertepaar p, q kennt, nämlich $p=292$, $q=43$, so kann man dies benutzen, um einen Wert α zu bestimmen, der der Gleichung

$$AA_1=\alpha^2-B \quad \text{oder} \quad 210\,A_1=\alpha^2-46$$

genügt. Man braucht hierzu (Nr. **23**) nur den Bruch $\frac{m}{n}$ zu suchen, der unter den nach $\frac{p}{q}$ hin konvergierenden Näherungsbrüchen diesem $\frac{p}{q}$ unmittelbar voraufgeht (Nr. **29**). Setzt man dann $a=mp-Bnq$, so ist allgemein (Nr. **23**)

$$\alpha=\mu A\pm a.$$

Für die Entwickelung von $\frac{292}{43}$ erhält man die Quotienten

$$6,\ 1,\ 3,\ 1,\ 3,\ 2,$$

mit deren Hilfe man die Brüche

$$\frac{1}{0},\ \frac{6}{1},\ \frac{7}{1},\ \frac{27}{4},\ \frac{34}{5},\ \frac{129}{19},\ \frac{292}{43}$$

bildet; hieraus ergibt sich $m=129$, $n=19$ und $a=86$, so daß, da $86<\frac{A}{2}$ ist, $\mu=0$ und $\alpha=a=86$ wird; hieraus findet man $A_1=35$. Man bildet daher die folgenden Gleichungen

$$\begin{aligned}
210\cdot 35 &= 86^2-46, & \alpha &= 86, & A_1 &= 35,\\
35\cdot 6 &= 16^2-46, & \alpha_1 &= -2A_1+\alpha=16, & A_2 &= 6,\\
6\cdot(-7) &= 2^2-46, & \alpha_2 &= 3A_2-\alpha_1=2, & A_3 &= -7,
\end{aligned}$$

und weiter daraus

$$\begin{aligned}
p &= p_2+2p_1, & q &= q_2+2q_1,\\
-p_1 &= p_3-3p_2, & -q_1 &= q_3-3q_2.^{*)}
\end{aligned}$$

Da $\alpha_2<\sqrt{B}$ und $A_2<\sqrt{B}$ ist, so nimmt man

$$\alpha_2=e=2,\quad A_2=\pm E=6,\quad A_3=\mp D=-7,$$

---

*) Hinsichtlich der Vorzeichenwahl vgl. die Anmerkung zu Nr. 26. *N.*

und also bei Benutzung der oberen Zeichen $E = 6$, $D = 7$. Ferner setzt man

$$p_2 = r, \quad q_2 = s, \quad p_3 = \varrho, \quad q_3 = \sigma$$

und hat dann die Gleichung

$$6 = r^2 - 46 s^2$$

aufzulösen. [**473**] Nun ist $B = 46$, $E = 6$, $e = 2$, mithin (Nr. **43**) $\lambda < \frac{\sqrt{46}+2}{6}$ und $> \frac{\sqrt{46}+2}{6} - 1$, so daß

$$\lambda = 1, \quad \varepsilon = \lambda E - e = 4$$

wird. Mit Hilfe des bekannten ε bildet man folgende Reihen, in denen das Zeichen $<$ bedeuten soll, daß die ganze Zahl zu nehmen ist, die unmittelbar kleiner als der rechts stehende Ausdruck ist.

$$E = 6, \qquad \varepsilon = 4,$$

$$E_1 = \frac{46-16}{6} = 5, \quad \lambda_1 < \frac{\sqrt{46}+4}{5} = 2, \quad \varepsilon_1 = 2 \cdot 5 - 4 = 6,$$

$$E_2 = \frac{46-36}{5} = 2, \quad \lambda_2 < \frac{\sqrt{46}+6}{2} = 6, \quad \varepsilon_2 = 6 \cdot 2 - 6 = 6,$$

$$E_3 = \frac{46-36}{2} = 5, \quad \lambda_3 < \frac{\sqrt{46}+6}{5} = 2, \quad \varepsilon_3 = 2 \cdot 5 - 6 = 4,$$

$$E_4 = \frac{46-16}{5} = 6, \quad \lambda_4 < \frac{\sqrt{46}+4}{6} = 1, \quad \varepsilon_4 = 1 \cdot 6 - 4 = 2,$$

$$E_5 = \frac{46-4}{6} = 7, \quad \lambda_5 < \frac{\sqrt{46}+2}{7} = 1, \quad \varepsilon_5 = 1 \cdot 7 - 2 = 5,$$

$$E_6 = \frac{46-25}{7} = 3, \quad \lambda_6 < \frac{\sqrt{46}+5}{3} = 3, \quad \varepsilon_6 = 3 \cdot 3 - 5 = 4,$$

$$E_7 = \frac{46-16}{3} = 10, \quad \lambda_7 < \frac{\sqrt{46}+4}{10} = 1, \quad \varepsilon_7 = 1 \cdot 10 - 4 = 6,$$

$$E_8 = \frac{46-36}{10} = 1, \quad \lambda_8 < \frac{\sqrt{46}+6}{1} = 12, \quad \varepsilon_8 = 12 \cdot 1 - 6 = 6,$$

$$E_9 = \frac{46-36}{1} = 10, \quad \lambda_9 < \frac{\sqrt{46}+6}{10} = 1, \quad \varepsilon_9 = 1 \cdot 10 - 6 = 4,$$

$$E_{10} = \frac{46-16}{10} = 3, \quad \lambda_{10} < \frac{\sqrt{46}+4}{3} = 3, \quad \varepsilon_{10} = 3 \cdot 3 - 4 = 5,$$

$$E_{11}=\frac{46-25}{3}=7,\quad \lambda_{11}<\frac{\sqrt{46}+5}{7}=1,\quad \varepsilon_{11}=1\cdot 7-5=2,$$

$$E_{12}=\frac{46-4}{7}=6,\quad \lambda_{12}<\frac{\sqrt{46}+2}{6}=1,\quad \varepsilon_{12}=1\cdot 6-2=4,$$

$$E_{13}=\frac{46-16}{6}=5,\quad \lambda_{13}=\frac{\sqrt{46}+4}{5}=2,\quad \varepsilon_{13}=2\cdot 5-4=6,$$

. . . .

[474] Da $E_{12}=E$ und $E_{13}=E_1$ ist, setzt man $E_{12}=E_\mu$, d. h. $\mu=12$; und aus $E_8=1$ folgt $E_8=E_m$, d. h. $m=8$.

Nun bildet man nach den Formeln (ϖ) aus Nr. **39** die Reihe $l, l_1, l_2, \cdots l_{12}$

$l=1,$	$l_7=1l_6+l_5=317,$
$l_1=2l=2,$	$l_8=12l_7+l_6=4052,$
$l_2=6l_1+l=13,$	$l_9=1l_8+l_7=4369,$
$l_3=2l_2+l_1=28,$	$l_{10}=3l_9+l_8=17\,159,$
$l_4=1l_3+l_2=41,$	$l_{11}=1l_{10}+l_9=21\,528,$
$l_5=1l_4+l_3=69,$	$l_{12}=1l_{11}+l_{10}=38\,687,$
$l_6=3l_5+l_4=248,$	

und erhält (Nr. **40**, **41**)

$$R=\beta l_7+l_6,\quad S=l_7,\quad X=l_{12}-\frac{\varepsilon l_{11}}{E},\quad Y=\frac{l_{11}}{E}.$$

Daraus folgt wegen $\beta=6$

$$R=2150,\quad S=317;\quad X=24\,335,\quad Y=3588.$$

Bezeichnet man allgemein

$$\xi=\frac{(X+Y\sqrt{B})^n+(X-Y\sqrt{B})^n}{2},$$

$$\psi=\frac{(X+Y\sqrt{B})^n-(X-Y\sqrt{B})^n}{2\sqrt{B}},$$

so ergibt sich (Nr. **38**)

$$r=2150\xi+317\cdot 46\psi,\quad s=2150\psi+317\xi;$$

der Exponent n kann jede Zahl sein, für die $n\mu+m=16n+8$ positiv und gerade ist, d. h. n kann jede beliebige positive ganze Zahl sein (Nr. **37**).

[**475**] Jetzt wird (Nr. **44**), wenn man die oberen Zeichen nimmt,

$$T = \frac{BS + eR}{E} = 3147, \quad V = \frac{R + eS}{E} = 464,$$

$$\varrho = 3147\xi + 464 \cdot 46\psi, \quad \sigma = 3147\psi + 464\xi;$$

und da $p_2 = r$, $q_2 = s$, $p_3 = \varrho$, $q_3 = \sigma$ ist, so erhält man

$$p_1 = -\varrho + 3r = 3303\xi + 487 \cdot 46\psi,$$
$$q_1 = -\sigma + 3s = 3303\psi + 487\xi,$$
$$p = r + 2p_1 = 8756\xi + 1291 \cdot 46\psi,$$
$$q = s + 2q_1 = 8756\psi + 1291\xi.$$

Wir nehmen jetzt e negativ (Nr. **43**); in diesem Falle hat man $\lambda < \frac{\sqrt{46} - 2}{6}$ und $> \frac{\sqrt{46} - 2}{6} - 1$; d. h.

$$\lambda = 0, \text{ also } \varepsilon = -e = 2.$$

Nimmt man demnach $E = 6$, $\varepsilon = 2$, so kann man neue, den vorigen ähnliche Reihen bilden.

Man kann sich aber diese Mühe ersparen, wenn man bedenkt, daß die jetzigen Werte von E und ε mit denen von E_4 und ε_4 der obigen Reihen übereinstimmen; denn daraus folgt, daß die jetzigen für E, E_1, E_2, $\cdots$; ε, ε_1, ε_2, $\cdots$; λ_1, λ_2, $\cdots$ den früheren für E_4, E_5, E_6, $\cdots$; ε_4, ε_5, ε_6, $\cdots$; λ_5, λ_6, $\cdots$ gleich sind. Man hat also in diesen Reihen nur alle Indizes um 4 zu vermindern, um zu den jetzt erforderlichen zu kommen; und da die Glieder mit den Indizes 12 und 13 dieselben sind wie die mit 0 und 1, so braucht man, um die Fortsetzung der früheren Reihen zu erlangen, nur nach den Gliedern mit dem Index 11 von vorn zu beginnen (vgl. das folgende Beispiel und die Bemerkung in Nr. **47**). So findet man jetzt

$$E = 6,\ E_1 = 7,\ E_2 = 3,\ \cdots\ E_4 = 1,\ \cdots\ E_{12} = 6,\ E_{13} = 7,$$
$$\lambda_1 = 1,\ \lambda_2 = 3,\ \lambda_3 = 1,\ \lambda_4 = 12,\ \cdots,$$

so daß wie oben $m = 4$ und $\mu = 12$ ist. [**476**] Da X und Y für denselben Wert von B stets dieselben sind (Nr. **41**), so genügt es, R und S durch die Reihe

$$l = 1,$$
$$l_1 = 1 \cdot l = 1,$$
$$l_2 = 3 \cdot l_1 + l = 4,$$
$$l_3 = 1 \cdot l_2 + l_1 = 5$$

zu bestimmen. Man erhält

$$R = \beta l_3 + l_2 = 34^*), \quad S = l_3 = 5,$$

folglich

$$r = 34\xi + 5 \cdot 46\psi, \quad s = 34\psi + 5\xi;$$

dabei kann der Index n gleichfalls eine beliebige ganze Zahl sein, weil $12n + 4$ stets gerade ist.

Wegen $e = -2$ ist $T = 27$, $V = 4$ und

$$\varrho = 27\xi + 4 \cdot 46\psi, \quad \sigma = 27\psi + 4\xi,$$

mithin

$$p_1 = -\varrho - 3r = -129\xi - 19 \cdot 46\psi,$$
$$q_1 = -\sigma - 3s = -129\psi - 19\xi,$$
$$p = r - 2p_1 = 292\xi + 43 \cdot 46\psi,$$
$$q = s - 2q_1 = 292\psi + 43\xi.$$

Die beiden Paare der für p und q gefundenen Ausdrücke entstammen der Annahme $\alpha = 86$; da aber $A = 210$ keine Primzahl ist, so gibt es noch andere Werte von α (Nr. **24**). Um sie zu finden, zerlegt man 210 in zwei teilerfremde Faktoren a, b, und da $210 = 2 \cdot 3 \cdot 5 \cdot 7$ ist, hat man

$$a = 15, 21, 30, 35, 42, 70, 105,$$
$$b = 14, 10, 7, 6, 5, 3, 2,$$

so daß man noch sieben andere Werte für α finden kann.

I. Es sei $a = 15$, $b = 14$; nach der oben bereits benutzten Methode suchen wir bei der Kettenbruchentwickelung von $\frac{a}{b}$ den unmittelbar vorhergehenden Näherungswert $\frac{a_1}{b_1}$; wir finden $a_1 = 1$, $b_1 = 1$ und, da $\frac{a_1}{b_1} < \frac{a}{b}$ ist,

$$\omega = (1 - 2 \cdot ab_1)a = -29 \cdot 86,$$
$$\beta = mA \pm \omega = 210m \pm 2494.^*)$$

[**477**] Wählt man $m = 12$ und nimmt das $-$Zeichen, um $\beta < \frac{210}{2}$ zu machen, so erhält man $\beta = 26$.

---

*) Das Z. 2 benutzte β ist das in Nr. 40 eingeführte, dagegen wurde das Z. 3 v. u. gebrauchte in Nr. 24 erklärt. *N.*

II. Es sei $a = 21$, $b = 10$; man findet $a_1 = 2$, $b_1 = 1$ und, da $\frac{a_1}{b_1} < \frac{a}{b}$ ist,

$$\omega = (1 - 2ab_1)a = -41 \cdot 86 = -3526,$$
$$\beta = 210m \pm 3526;$$

für $m = 17$ und das untere Zeichen wird $\beta = 44$.

III. Es sei $a = 30$, $b = 7$; man findet $a_1 = 13$, $b_1 = 3$ und, da $\frac{13}{3} > \frac{30}{7}$ ist,

$$\omega = (1 + 2ab_1)a = 181 \cdot 86 = 15\,566,$$
$$\beta = 210m \pm 15\,566.$$

Für $m = -74$ und das Zeichen $+$ wird $\beta = 26$, wie im ersten Falle.

IV. Es sei $a = 35$, $b = 6$; man findet $a_1 = 6$, $b_1 = 1$ und, da $\frac{6}{1} > \frac{35}{6}$ ist,

$$\omega = (1 + 2ab_1)a = 71 \cdot 86 = 6106,$$
$$\beta = 210m \pm 6106;$$

für $m = -29$ und das obere Zeichen wird $\beta = 16$.

V. Es sei $a = 42$, $b = 5$; man findet $a_1 = 17$, $b_1 = 2$ und, da $\frac{17}{2} > \frac{42}{5}$ ist,

$$\omega = (1 + 2ab_1)a = 169 \cdot 86 = 14\,534,$$
$$\beta = 210m \pm 14\,534;$$

für $m = -69$ und das obere Zeichen folgt $\beta = 44$, wie im zweiten Falle.

[**478**] VI. Es sei $a = 70$, $b = 3$; man findet $a_1 = 23$, $b_1 = 1$ und, da $\frac{23}{1} < \frac{70}{3}$ ist,

$$\omega = (1 - 2ab_1)a = -139 \cdot 86 = -11\,954,$$
$$\beta = 210m \pm 11\,954;$$

für $m = 57$ und das untere Zeichen folgt $\beta = 16$, wie im vierten Falle.

VII. Es sei $a = 105$, $b = 2$; man findet $a_1 = 52$, $b_1 = 1$ und, da $\frac{52}{1} < \frac{105}{2}$ ist,

$$\omega = (1 - 2ab_1)a = -209 \cdot 86 = -17\,974,$$
$$\beta = 210m \pm 17\,974;$$

für $m = 86$ und das untere Zeichen folgt $\beta = 86$.

Somit werden die Werte von β, d. h. die neuen Werte von α (mit Ausschluß von 86, da wir diesen als α schon benutzt haben) 26, 44 und 16. Setzt man sie in die Gleichung

$$AA_1 = \alpha^2 - B, \text{ d. h. } 210A_1 = \alpha^2 - 46$$

ein, so findet man als entsprechende Werte von A_1 die Zahlen 3, 9 und 1.

Wir untersuchen zuerst $\alpha = 26$ und $A_1 = 3$; dann hat man

$$210 \cdot 3 = 26^2 - 46, \quad \alpha = 26, \qquad A_1 = 3,$$
$$3 \cdot (-14) = 2^2 - 46, \quad \alpha_1 = -8A_1 + \alpha = 2, \quad A_2 = -14$$

und
$$p = p_2 + 8p_1, \quad q = q_2 + 8q_1.$$

Da $\alpha_1 < \sqrt{B}$ und $A_1 < \sqrt{B}$ ist, so setzt man

$$\alpha_1 = e = 2, \quad A_1 = \pm E = 3, \quad A_2 = \mp D = -14,$$

folglich bei den oberen Zeichen $E = 3$, $D = 14$. [479] Weiter setzt man

$$p_1 = r, \quad q_1 = s; \quad p_2 = \varrho, \quad q_2 = \sigma$$

und hat nun die Gleichung

$$3 = r^2 - 46s^2$$

zu lösen; dabei wird (Nr. 43) $\lambda < \frac{\sqrt{B}+e}{E}$ und $> \frac{\sqrt{B}+e}{E} - 1$, also

$$\lambda = 2, \quad \varepsilon = \lambda E - e = 4.$$

Die Werte $E = 3$, $\varepsilon = 4$ führen uns darauf, nachzusehen, ob sich in den voraufgehenden Reihen zwei Glieder E_ν, ε_ν mit den Werten $E_\nu = 3$, $\varepsilon_\nu = 4$ finden (vgl. weiter unten die Anmerkung Nr. 47). Wir stoßen auf $E_6 = 3$, $\varepsilon_6 = 4$, d. h. $\nu = 6$. Man hat in diesen Reihen also alle Indizes um 6 zu vermindern, ähnlich wie oben, und erhält für den vorliegenden Fall

$$E = 3, \quad E_1 = 10, \quad E_2 = 1, \cdots;$$

demnach wird $m = 2$ und

$$\lambda_1 = 1, \quad \lambda_2 = 12, \cdots;$$

also

$$l = 1,$$
$$l_1 = 1 \cdot l = 1;$$

und

$$R = \beta l_1 + l = 7, \quad S = l_1 = 1,$$
$$r = 7\xi + 46\psi, \quad s = 7\psi + \xi.$$

Nun ist

$$T = \frac{BS + cR}{E} = 20, \quad V = \frac{R + eS}{E} = 3,$$

daher

$$\varrho = 20\xi + 3 \cdot 46\psi, \quad \sigma = 20\psi + 3\xi.$$

Weil $p_1 = r$, $q_1 = s$; $p_2 = \varrho$, $q_2 = \sigma$ ist, hat man

$$p = \varrho + 8r = 76\xi + 11 \cdot 46\psi,$$
$$q = \sigma + 8s = 76\psi + 11\xi.$$

[**480**] Der in ξ und ψ eingehende Exponent n kann irgend welche ganze positive Zahl sein, da $m = 2$ und da stets, wie dies allgemein in Nr. **47** bewiesen werden wird, $\mu = 16$ ist; infolgedessen wird $\mu n + m$ für jedes n gerade werden.

Ist dagegen e negativ und $= -2$, so hat man $\lambda = 1$, $\varepsilon = 5$; in den voraufgehenden Reihen findet man $E_{10} = 3$, $\varepsilon_{10} = 15$; wenn man also alle Indizes um 10 vermindert und die Reihen nach E_{11}, ε_{11} von vorn beginnt, wie schon oben bemerkt wurde, so hat man im vorliegenden Falle

$$E = 3, \quad E_1 = 7, \quad E_2 = 6, \cdots E_{10} = 1;$$

folglich ist $m = 10$ und

$$\lambda_1 = 1, \lambda_2 = 1, \lambda_3 = 2, \lambda_4 = 6, \lambda_5 = 2,$$
$$\lambda_6 = 1, \lambda_7 = 1, \lambda_8 = 3, \lambda_9 = 1, \lambda_{10} = 12, \cdots.$$

Demnach wird

$$l = 1,$$
$$l_1 = 1 \cdot l = 1,$$
$$l_2 = 1 \cdot l_1 + l = 2,$$
$$l_3 = 2 \cdot l_2 + l_1 = 5,$$
$$l_4 = 6 \cdot l_3 + l_2 = 32,$$
$$l_5 = 2 \cdot l_4 + l_3 = 69,$$
$$l_6 = 1 \cdot l_5 + l_4 = 101,$$
$$l_7 = 1 \cdot l_6 + l_5 = 170,$$
$$l_8 = 3 \cdot l_7 + l_6 = 611,$$
$$l_9 = 1 \cdot l_8 + l_7 = 781;$$

daher ergibt sich

$$R = \beta l_9 + l_8 = 5297, \quad S = l_9 = 781;$$
$$r = 5297\xi + 781 \cdot 46\psi, \quad s = 5297\psi + 781\xi.$$

Wegen $e = -2$ hat man

$$T = \frac{BS + eR}{E} = 8444, \quad V = \frac{R + eS}{E} = 1245;$$
$$\varrho = 8444\xi + 1245 \cdot 46\psi, \quad \sigma = 8444\psi + 1245\xi;$$
$$p = \varrho - 8r = -33\,932\xi - 5003 \cdot 46\psi,$$
$$q = \sigma - 8s = -33\,932\psi - 5003\xi.$$

[**481**] Der Exponent n in ξ und ψ kann irgend welche positive Zahl sein, da m und μ gerade sind. —

Zweitens untersuchen wir $\alpha = 44$, $A_1 = 9$. Wir finden

$$210 \cdot 9 = 44^2 - 46, \quad \alpha = 44, \quad A_1 = 9,$$
$$9 \cdot (-5) = 1^2 - 46, \quad \alpha_1 = 5A_1 - \alpha = 1, \quad A_2 = -5;$$

folglich*) ist

$$-p = p_2 - 5p_1, \quad -q = q_2 - 5q_1.$$

Da wir $\alpha_1 < \sqrt{B}$, $A_2 < \sqrt{B}$ haben, so setzen wir

$$\alpha_1 = e = 1, \quad A_2 = \pm E = -5, \quad A_1 = \mp D = 9,$$

folglich mit den unteren Zeichen $E = 5$, $D = 9$; ferner machen wir

$$p_2 = r, \quad q_2 = s, \quad p_1 = \varrho, \quad q_1 = \sigma.$$

Die neue aufzulösende Gleichung wird

$$-5 = r^2 - 46s^2.$$

Hier gelten die unteren Zeichen, folglich ist $\lambda < \frac{\sqrt{B} - e}{E}$ und $\lambda > \frac{\sqrt{B} - e}{E} - 1$, d. h.

$$\lambda = 1 \quad \text{und} \quad \varepsilon = \lambda E + e = 6.$$

Prüft man die vorhergehenden Reihen, so findet man $E_1 = 5$ und $\varepsilon_1 = 6$; man hat also für den vorliegenden Fall alle Indizes um 1 zu vermindern und erhält

$$E = 5, \quad E_1 = 2, \quad E_2 = 5, \cdots \quad E_7 = 1,$$

*) Vgl. die Anmerkung zu Nr. 26. *N.*

so daß $m = 7$ wird; ferner findet man

$$\lambda_1 = 6,\quad \lambda_2 = 2,\quad \lambda_3 = 1,\ \lambda_4 = 1,\quad \lambda_5 = 3,\quad \lambda_6 = 1 \cdots$$

[482] und daraus

$$\begin{aligned} l &= 1, & l_4 &= 1\cdot l_3 + l_2 = 32,\\ l_1 &= 6\cdot l = 6, & l_5 &= 3\cdot l_4 + l_3 = 115,\\ l_2 &= 2\cdot l_1 + l = 13, & l_6 &= 1\cdot l_5 + l_4 = 147,\\ l_3 &= 1\cdot l_2 + l_1 = 19, & & \end{aligned}$$

woraus

$$R = \beta l_6 + l_5 = 997,\qquad S = l_6 = 147;$$
$$r = 997\xi + 147\cdot 46\psi,\quad s = 997\psi + 147\xi$$

sich ergibt. Da man die unteren Zeichen genommen hat, so folgt

$$T = \frac{BS - eR}{E} = 1153,\quad V = \frac{R - eS}{E} = 170,$$
$$\varrho = 1153\xi + 170\cdot 46\psi,\quad \sigma = 1153\psi + 170\xi.$$

Wegen $p_2 = r$, $q_2 = s$; $p_1 = \varrho$, $q_1 = \sigma$ folgt

$$p = -r + 5\varrho = 4768\xi + 703\cdot 46\psi,$$
$$q = -s + 5\sigma = 4768\psi + 703\xi.$$

Der Exponent n in den Größen ξ, ψ muß, weil die unteren Zeichen genommen sind, so beschaffen sein, daß $\mu n + m$ ungerade wird (Nr. **37**); μ ist gleich 16, wie die Fortsetzung der Reihe $E, E_1, \cdots$ bis zum Wiederauftreten der beiden ersten Glieder zeigt (vgl. weiter unten Nr. **47**), und m ist gleich 7; daraus erkennt man, daß $\mu n + m$ für jeden ganzen Wert von n ungerade wird; n darf also jede beliebige ganze positive Zahl sein.

Nehmen wir hingegen e negativ $= -1$, so wird*) $\lambda = 1$ und $\varepsilon = 4$. In den voraufgehenden Reihen findet man $E_3 = 5$ und $\varepsilon_3 = 4$. Wir vermindern daher alle Indizes um 3 und haben für den vorliegenden Fall

$$E = 5,\quad E_1 = 6,\quad E_2 = 7, \cdots\quad E_5 = 1;$$

[483] also ist $m = 5$ und

$$\lambda_1 = 1,\quad \lambda_2 = 1,\quad \lambda_3 = 3,\quad \lambda_4 = 1,\quad \lambda_5 = 12, \cdots;$$

---

*) $E = 5$. *N.*

hieraus folgt

$$l = 1, \quad l_1 = 1\cdot l = 1, \quad l_2 = 1\cdot l_1 + l = 2, \quad l_3 = 3\cdot l_2 + l_1 = 7, \quad l_4 = 1\cdot l_3 + l_2 = 9;$$

und daher

$$R = \beta l_4 + l_3 = 61, \quad S = l_4 = 9;$$
$$r = 61\xi + 9\cdot 46\psi, \quad s = 61\psi + 9\xi.$$

Nun ist

$$T = \frac{BS - eR}{E} = 95, \quad V = \frac{R - eS}{E} = 14,$$

und deshalb

$$\varrho = 95\xi + 14\cdot 46\psi, \quad \sigma = 95\psi + 14\xi,$$
$$p = -r - 5\varrho = -536\xi - 79\cdot 46\psi,$$
$$q = -s - 5\sigma = -536\psi - 79\xi.$$

Auch hier kann der Exponent n jede ganze positive Zahl sein; denn die Werte $m = 5$ und $\mu = 16$ zeigen, daß $n\mu + m$ stets ungerade ist. —

Drittens untersuchen wir $\alpha = 16$ und $A_1 = 1$. Dabei wird

$$210\cdot 1 = 16^2 - 46, \quad \alpha = 16, \quad A_1 = 1,$$
$$1\cdot(-45) = 1^2 - 46, \quad \alpha_1 = -15A_1 + \alpha = 1, \quad A_2 = -45;$$
$$p = p_2 + 15p_1, \quad q = q_2 + 15q_1.$$

Da α_1 und $A_1 < \sqrt{B}$, setzt man

$$\alpha_1 = e = 1, \quad A_1 = \pm E = 1, \quad A_2 = \mp D = -45;$$

[484] und $E = 1$, $D = 45$ mit den oberen Zeichen. Weiter wird

$$p_1 = r, \quad q_1 = s; \quad p_2 = \varrho, \quad q_2 = \sigma,$$

und es ist die Gleichung

$$1 = r^2 - 46s^2$$

aufzulösen. Da $E = 1$ ist, folgt $m = 0$ (Nr. **40**), $R = 1$, $S = 0$ und deswegen

$$r = \xi, \quad s = \psi.$$

Überdies hat man

$$T = \frac{BS + eR}{E} = 1, \quad V = \frac{R + eS}{E} = 1;$$

also ist

$$\varrho = \xi + 46\psi, \quad \sigma = \psi + \xi;$$

$$p = \varrho + 15r = 16\xi + 46\psi, \quad q = \sigma + 15s = 16\psi + \xi.$$

Nehmen wir e negativ $= -1$, so ist $m = 0$, demnach

$$R = 1, \quad S = 0 \quad \text{und} \quad r = \xi, \quad s = \psi;$$

man findet

$$T = -1, \quad V = 1$$

und erhält

$$\varrho = -\xi + 46\psi, \quad \sigma = -\psi + \xi;$$

$$p = \varrho - 15r = -16\xi + 46\psi, \quad q = \sigma - 15s = -16\psi + \xi.$$

Der Exponent n kann auch hier wieder jede beliebige ganze positive Zahl sein, da $m = 0$ $\mu = 16$ und demnach $n\mu + m$ für jedes n gerade ist.

[**485**] Stellt man alle gefundenen Formeln zusammen, so hat man für die Lösung der vorgelegten Gleichung

$$210 = p^2 - 46q^2$$

die folgenden Ausdrücke

$p = 16\xi - 46\psi,$	$q = 16\psi - \xi,$
$p = 16\xi + 46\psi,$	$q = 16\psi + \xi,$
$p = 76\xi + 11 \cdot 46\psi,$	$q = 76\psi + 11\xi,$
$p = 292\xi + 43 \cdot 46\psi,$	$q = 292\psi + 43\xi,$
$p = 536\xi + 79 \cdot 46\psi,$	$q = 536\psi + 79\xi,$
$p = 4768\xi + 703 \cdot 46\psi,$	$q = 4768\psi + 703\xi,$
$p = 8756\xi + 1291 \cdot 46\psi,$	$q = 8756\psi + 1291\xi,$
$p = 33932\xi + 5003 \cdot 46\psi,$	$q = 33932\psi + 5003\xi,$

in denen

$$\xi = \frac{(24335 + 3588\sqrt{46})^n + (24335 - 3588\sqrt{46})^n}{2},$$

$$\psi = \frac{(24335 + 3588\sqrt{46})^n - (24335 - 3588\sqrt{46})^n}{2\sqrt{46}}$$

ist, und n irgend welche positive ganze Zahl bedeutet.

Diese Formeln enthalten alle möglichen Lösungen der vorgelegten Gleichung.

Setzt man $n = 0$, so wird $\xi = 1$, $\psi = 0$, und die Werte von p und q werden

$p = 16$,	$q = 1$,	$p = 4768$,	$q = 703$,
$p = 76$,	$q = 11$,	$p = 8756$,	$q = 1291$,
$p = 292$,	$q = 43$,	$p = 33\,932$,	$q = 5003$.
$p = 536$,	$q = 79$,		

Dies sind die kleinst möglichen Wurzelwerte; für $n = 1, 2, 3, \cdots$ findet man größere und immer größere Werte von p und q.

[**486**] Beispiel VI. Weiter sei die Gleichung

$$10 = u^2 - 431t^2$$

vorgelegt. Da 10 keinen quadratischen Faktor enthält und $< \sqrt{431}$ ist, setzt man zunächst

$$u = r, \quad t = s, \quad E = 10, \quad B = 31$$

und erhält eine Gleichung von der Art der in Nr. **34** behandelten.

Nach der Methode dieser Nummer sucht man zuerst eine oder mehrere Zahlen $\varepsilon < \sqrt{B}$ und $> \sqrt{B} - E$, so daß $B - \varepsilon^2$ durch E teilbar ist. Da $\sqrt{431}$ ungefähr $= 20$ ist, so folgt aus den beiden ersten Bedingungen $10 < \varepsilon < 21$; untersucht man alle natürlichen Zahlen zwischen 10 und 21, so findet man zwei, die auch der dritten Bedingung genügen, nämlich 11 und 19. Man muß also nacheinander $\varepsilon = 11$ und $\varepsilon = 19$ setzen.

I. Für $\varepsilon = 11$ bildet man die folgenden Reihen

$$E = 10, \qquad \varepsilon = 11,$$

$$E_1 = \frac{431 - 11^2}{10} = 31, \quad \lambda_1 < \frac{\sqrt{431} + 11}{31} = 1, \quad \varepsilon_1 = 1 \cdot 31 - 11 = 20,$$

$$E_2 = \frac{431 - 20^2}{31} = 1, \quad \lambda_2 < \frac{\sqrt{431} + 20}{1} = 40, \quad \varepsilon_2 = 40 \cdot 1 - 20 = 20,$$

$$E_3 = \frac{431 - 20^2}{1} = 31, \quad \lambda_3 < \frac{\sqrt{431} + 20}{31} = 1, \quad \varepsilon_3 = 1 \cdot 31 - 20 = 11,$$

$$E_4 = \frac{431 - 11^2}{31} = 10, \quad \lambda_4 < \frac{\sqrt{431} + 11}{10} = 3, \quad \varepsilon_4 = 3 \cdot 10 - 11 = 19,$$

$$E_5 = \frac{431 - 19^2}{10} = 7, \quad \lambda_5 < \frac{\sqrt{431} + 19}{7} = 5, \quad \varepsilon_5 = 5 \cdot 7 - 19 = 16.$$

$$E_6 = \frac{431-16^2}{7} = 25, \quad \lambda_6 < \frac{\sqrt{431}+16}{25} = 1, \quad \varepsilon_6 = 1\cdot 25 - 16 = 9,$$

$$E_7 = \frac{431-9^2}{25} = 14, \quad \lambda_7 < \frac{\sqrt{431}+9}{14} = 2, \quad \varepsilon_7 = 2\cdot 14 - 9 = 19,$$

$$E_8 = \frac{431-19^2}{14} = 5, \quad \lambda_8 < \frac{\sqrt{431}+19}{5} = 7, \quad \varepsilon_8 = 7\cdot 5 - 19 = 16,$$

$$E_9 = \frac{431-16^2}{5} = 35, \quad \lambda_9 < \frac{\sqrt{431}+16}{35} = 1, \quad \varepsilon_9 = 1\cdot 35 - 16 = 19,$$

$$E_{10} = \frac{431-19^2}{35} = 2, \quad \lambda_{10} < \frac{\sqrt{431}+19}{2} = 19, \quad \varepsilon_{10} = 19\cdot 2 - 19 = 19,$$

$$E_{11} = \frac{431-19^2}{2} = 35, \quad \lambda_{11} < \frac{\sqrt{431}+19}{35} = 1, \quad \varepsilon_{11} = 1\cdot 35 - 19 = 16,$$

$$E_{12} = \frac{431-16^2}{35} = 5, \quad \lambda_{12} < \frac{\sqrt{431}+16}{5} = 7, \quad \varepsilon_{12} = 7\cdot 5 - 16 = 19,$$

$$E_{13} = \frac{431-19^2}{5} = 14, \quad \lambda_{13} < \frac{\sqrt{431}+19}{14} = 2, \quad \varepsilon_{13} = 2\cdot 14 - 19 = 9,$$

$$E_{14} = \frac{431-9^2}{14} = 25, \quad \lambda_{14} < \frac{\sqrt{431}+9}{25} = 1, \quad \varepsilon_{14} = 1\cdot 25 - 9 = 16,$$

$$E_{15} = \frac{431-16^2}{25} = 7, \quad \lambda_{15} < \frac{\sqrt{431}+16}{7} = 5, \quad \varepsilon_{15} = 5\cdot 7 - 16 = 19,$$

$$E_{16} = \frac{431-19^2}{7} = 10, \quad \lambda_{16} < \frac{\sqrt{431}+19}{10} = 3, \quad \varepsilon_{16} = 3\cdot 10 - 19 = 11,$$

$$E_{17} = \frac{431-11^2}{10} = 31, \quad \lambda_{17} < \frac{\sqrt{431}+11}{31} = 1, \quad \varepsilon_{17} = 1\cdot 31 - 11 = 20,$$

$$\ldots\ldots, \quad \ldots\ldots, \quad \ldots\ldots$$

[**487**] Da $E_{16} = E$, $E_{17} = E$, so wird $E_{16} = E_\mu$, d. h. $\mu = 16$; und da $E_2 = 1$, so hat man $E_2 = E_m$, folglich $m = 2$; die Gleichung ist also lösbar (Nr. **37**).

Wir bilden nach den Formeln (ϖ) die Reihe $l, l_1, l_2, l_3, \cdots l_{16}$ und finden

$l = 1,$	$l_9 = 1 \cdot l_8 + l_7 = 24764,$
$l_1 = 1 \cdot l = 1,$	$l_{10} = 19 \cdot l_9 + l_8 = 492315,$
$l_2 = 40 \cdot l_1 + l = 41,$	$l_{11} = 1 \cdot l_{10} + l_9 = 517079,$
$l_3 = 1 \cdot l_2 + l_1 = 42,$	$l_{12} = 7 \cdot l_{11} + l_{10} = 4111868,$
$l_4 = 3 \cdot l_3 + l_2 = 167,$	$l_{13} = 2 \cdot l_{12} + l_{11} = 8740815,$
$l_5 = 5 \cdot l_4 + l_3 = 877,$	$l_{14} = 1 \cdot l_{13} + l_{12} = 12852683,$
$l_6 = 1 \cdot l_5 + l_4 = 1044,$	$l_{15} = 5 \cdot l_{14} + l_{13} = 73004230,$
$l_7 = 2 \cdot l_6 + l_5 = 2965,$	$l_{16} = 3 \cdot l_{15} + l_{14} = 231865373.$
$l_8 = 7 \cdot l_7 + l_6 = 21799,$	

[**488**] Man hat also erstens nach Nr. **40**

$$R = \beta l_1 + l, \quad S = l_1,$$

d. h. weil $\beta = 20$ angenähert die Wurzel von 431 ist,

$$R = 21, \quad S = 1;$$

und zweitens nach Nr. **41**

$$X = l_{16} - \frac{\varepsilon l_{15}}{E}, \quad Y = \frac{l_{15}}{E},$$

d. h. wegen $E = 10$ und $\varepsilon = 11$

$$X = 151\,560\,720, \quad Y = 7\,300\,423.$$

Bezeichnet man

$$\xi = \frac{(X + Y\sqrt{431})^n + (X - Y\sqrt{431})^n}{2},$$

$$\eta = \frac{(X + Y\sqrt{431})^n - (X - Y\sqrt{431})^n}{2\sqrt{431}},$$

so ist allgemein

$$r = 21\xi + 431\psi, \quad s = 21\psi + \xi;$$

n kann hier eine jede ganze positive Zahl sein, durch die $n\mu + m = 16n + 2$ gerade wird; also darf eine beliebige ganze positive Zahl für n genommen werden. —

[**489**] Es sei II. $\varepsilon = 19$; man bildet dann

$$E = 10, \qquad \varepsilon = 19,$$

$$E_1 = \frac{431 - 19^2}{10} = 7, \quad \lambda_1 < \frac{\sqrt{431} + 19}{7} = 5, \quad \varepsilon_1 = 5 \cdot 7 - 19 = 16,$$

$$E_2 = \frac{431 - 16^2}{7} = 25, \quad \lambda_2 < \frac{\sqrt{431} + 16}{25} = 1, \quad \varepsilon_2 = 1 \cdot 25 - 16 = 19,$$

. . . . , ... , ...

Da die Glieder E und E_1 die gleichen sind, wie die Glieder E_4 und E_5 der voraufgehenden Reihen, so werden (Nr. **35**) auch die folgenden Glieder einander gleich; man hat daher nur alle dortigen Indizes um 4 zu vermindern, um im Falle $\varepsilon = 19$ die Werte von $E, E_1, E_2, \cdots; \varepsilon, \varepsilon_1, \varepsilon_2, \cdots; \lambda_1, \lambda_2, \lambda_3, \cdots$ zu erhalten; dabei muß man dort die Reihe so weit fortsetzen, bis man wieder auf die Glieder 10 und 7 für die E stößt. Hierzu genügt die Bemerkung, daß, weil E_{16} und E_{17} dieselben Werte haben wie E und E_1, das Glied E_{18} mit E_2 übereinstimmt usf. Danach hat man $E_{14} = 1$, $E_{15} = 31$, $E_{16} = 10$, $E_{17} = 7$ und findet $m = 14$, $\mu = 16$; die Werte von $\lambda_1, \lambda_2, \cdots \lambda_{13}$ sind die folgenden

$$\lambda_1 = 5,\ \lambda_2 = 1,\ \lambda_3 = 2,\ \lambda_4 = 7,\ \lambda_5 = 1,\ \lambda_6 = 19,\ \lambda_7 = 1,$$
$$\lambda_8 = 7,\ \lambda_9 = 2,\ \lambda_{10} = 1,\ \lambda_{11} = 5,\ \lambda_{12} = 3,\ \lambda_{13} = 1;$$

mit ihrer Hilfe findet man

$$\begin{array}{l|l}
l = 1, & l_7 = 1 \cdot l_6 + l_5 = 2956, \\
l_1 = 5 \cdot l = 5, & l_8 = 7 \cdot l_7 + l_6 = 23578, \\
l_2 = 1 \cdot l_1 + l = 6, & l_9 = 2 \cdot l_8 + l_7 = 50121, \\
l_3 = 2 \cdot l_2 + l_1 = 17, & l_{10} = 1 \cdot l_9 + l_8 = 73699, \\
l_4 = 7 \cdot l_3 + l_2 = 125, & l_{11} = 5 \cdot l_{10} + l_9 = 418616, \\
l_5 = 1 \cdot l_4 + l_3 = 142, & l_{12} = 3 \cdot l_{11} + l_{10} = 1329547, \\
l_6 = 19 \cdot l_5 + l_4 = 2823, & l_{13} = 1 \cdot l_{12} + l_{11} = 1748163,
\end{array}$$

[**490**] und hat

$$R = \beta l_{13} + l_{12}, \quad S = l_{13}.$$

Da $\beta = 20$ ist, so wird

$$R = 36\,292\,807, \quad S = 1\,748\,163;$$
$$r = 36\,292\,807\,\xi + 753\,458\,253\,\psi,$$
$$s = 36\,292\,807\,\psi + 1\,748\,163\,\xi.$$

Die Werte von ξ und η sind die gleichen wie oben, denn X und Y sind für denselben Wert von B immer dieselben (Nr. **41**); endlich kann für n irgend welche ganze positive Zahl genommen werden, da bei $\mu = 16$ und $m = 14$ der Wert für $\mu n + m$ stets gerade ist, wie es sein muß (Nr. **37**).

Hieraus sieht man, daß die kleinsten Zahlen, die die vorgelegte Gleichung lösen

$$r = 21, \quad s = 1$$

sind. Diese gehen aus der ersten Formel für $n = 0$ bei $\xi = 1$, $\psi = 0$ hervor. Setzt man in der zweiten Formel $n = 0$, so kommt man auf die nächst größere Lösung derselben Gleichung, nämlich

$$r = 36\,292\,807, \quad s = 1\,748\,163.$$

Zwischen diesen und jenen Zahlen liegen keine, die unserer Gleichung genügen.

[491] Da μ und m gleichzeitig gerade sind, so folgt noch, daß die Gleichung

$$-10 = r^2 - 431 s^2$$

in ganzen Zahlen nicht lösbar ist (Nr. **37**).

47. Anmerkung. Hat man für irgend eine Gleichung

$$\pm E = r^2 - Bs^2$$

die Werte von $E_1, E_2, E_3, \cdots E_\mu$ (wo $E_\mu = E$, $E_{\mu+1} = E_1$ ist), sowie die von $\lambda_1, \lambda_2, \lambda_3, \cdots \lambda_\mu$ aufgestellt, und findet sich in der Periode $E, E_1, E_2, \cdots E_{\mu-1}$ ein Glied, das den den Wert 1 hat (was die notwendige Bedingung für die Lösbarkeit von $\pm E = r^2 - Bs^2$ ist), so können dieselben Werte dazu dienen, jede andere Gleichung der Form

$$\pm F = r^2 - Bs^2 \qquad (F < \sqrt{B})$$

aufzulösen. Denn wir haben schon bewiesen (Nr. **41**), daß die Werte von X und Y bei ungeändertem Werte B stets dieselben sind, und daß die Reihe $E_m, E_{m+1}, E_{m+2}, \cdots E_{m+\mu-1}$ (bei $E_m = 1$) auch für dasselbe B stets dieselbe ist. Daraus folgt wegen $E_\mu = E$, $E_{\mu+1} = E_1, \cdots$, daß die Reihe E_m, $E_{m+1}, \cdots E_{\mu-1}, E, E_1, E_2, \cdots E_{m-1}$ auch stets die gleiche ist, daß folglich die Reihe $E, E_1, E_2, \cdots E_{\mu-1}$ stets dieselben Glieder enthält, welches auch das erste Glied E sei, falls sich nur ein Glied $E_m = 1$ vorfindet.

Ist daher die Gleichung

$$\pm F = r^2 - Bs^2$$

vorgelegt, so muß man nachsehen, ob die Zahl F in der Reihe der Werte $E, E_1, E_2, \cdots E_{\mu-1}$ vorkommt; findet man z. B. $F = E_\varrho$, so braucht man nur dieses Glied E_ϱ als erstes zu nehmen und die Reihe $E_\varrho, E_{\varrho+1}, \cdots$ so weit fortzusetzen, bis man zu zwei aufeinander folgenden Gliedern kommt, die mit E_ϱ und $E_{\varrho+1}$ identisch sind; dabei hat man die Reihe

$E, E_1, E_2, \cdots$ wieder von vorn zu beginnen, sobald man zum letzten Gliede $E_{\mu-1}$ gelangt ist: oder auch: man braucht nur, damit das erste Glied stets durch E bezeichnet sei, in der schon gefundenen Reihe $E, E_1, E_2, \cdots E_{\mu-1}$ alle Indizes um ϱ zu vermindern und bei den dabei negativ werdenden μ hinzuzuzählen.

[**492**] Ebenso macht man es mit der entsprechenden Reihe $\lambda_1, \lambda_2, \lambda_3, \cdots \lambda_\mu$ und erhält dadurch die neuen, auf die Gleichung

$$\pm F = r^2 - Bs^2$$

bezüglichen Reihen $E, E_1, E_2, \cdots E_{\mu-1}$ und $\lambda_1, \lambda_2, \lambda_3, \cdots \lambda_\mu$. Mit ihrer Hilfe sucht man dann noch R und S; X und Y kennt man bereits. Damit übrigens das Problem lösbar sei, müssen die neuen Indizes m und μ die, Nr. **37** erhaltenen Bedingungen erfüllen. Das prüft man am besten zuerst, um unnötige Rechnungen zu vermeiden. μ behält denselben Wert; denn, da jede Periode der Reihe dieselben Glieder enthält, muß auch die Zahl μ dieser Glieder stets dieselbe sein; also handelt es sich nur um die Bestimmung von m. Bezeichnet man mit m' den Index des Gliedes, das in der ersten Reihe zuerst den Wert 1 annimmt, so hat man $m = m' - \varrho$ oder $m = \mu + m' - \varrho$, je nachdem $m' > \varrho$ oder $m' < \varrho$ ist; so erkennt man ohne weiteres, ob die neue Gleichung lösbar ist oder nicht.

Findet sich dagegen F nicht in der Reihe $E, E_1, E_2, \cdots E_{\mu-1}$, so ist dies ein Zeichen dafür, daß die Gleichung

$$\pm F = r^2 - Bs^2$$

nicht lösbar ist. Denn wenn man aus der Zahl F als Anfangsglied die Reihe $F, F_1, F_2, \cdots$ der Reihe $E, E_1, E_2, \cdots$ analog bilden würde, gäbe es in ihr kein Glied, das der Einheit gleich wäre.

Aus dem Gesagten folgt auch, daß, wenn man für einen Wert von ε die Reihe $E, E_1, E_2, \cdots E_{\mu-1}$ gebildet hat, man die übrigen Werte von ε gar nicht zu berechnen braucht (Nr. **34**), sondern nur nachzusehen hat, ob es in der Reihe der $E_\varkappa$ noch andere Glieder gibt, die gleich E sind, und in diesem Falle die neuen Reihen zu bilden, die mit diesen Gliedern beginnen, wie wir dies dargelegt haben. [**493**] Wenn z. B. $E_\varrho = E$ bei $\varrho < \mu - 1$ ist, so verringert man alle Indizes um ϱ und fügt den dabei negativ werdenden Resten μ hinzu;

so kommt man zu den neuen Reihen E_1, E_2, E_3, $\cdots$; λ_1, λ_2, λ_3, $\cdots$, mit deren Hilfe man die neuen Werte von R und S findet. Diese Vorschrift haben wir schon im Beispiel V verwendet.

Oben haben wir die Gleichung

$$10 = r^2 - 431 s^2$$

aufgelöst. Jetzt wollen wir annehmen, es handele sich um die Lösung von

$$2 = r^2 - 431 s^2.$$

Man bemerkt beim Überblicken der oben gefundenen Werte von E, E_1, E_2, $\cdots E_{16}$, daß $E_{10} = 2$ ist. Nun war $m = 2$ und $\mu = 16$; folglich wird wegen $\varrho = 2$ und $m' = 2$ der neue Wert von m jetzt $16 + 2 - 10 = 8$. Daraus schließt man, daß die vorgelegte Gleichung lösbar ist.

Wir vermindern nun alle Indizes um 10, wobei für negative Reste eine Vermehrung um 16 nötig ist. So findet man die zur Berechnung von R und S allein nötigen Werte von λ_1, λ_2, λ_3, $\cdots$ λ_7, weil $\lambda_7 = \lambda_{m-1}$ ist,

$\lambda_1 = 1$,		$l_1 = 1$,
$\lambda_2 = 7$,		$l_2 = 8$,
$\lambda_3 = 2$,		$l_3 = 17$,
$\lambda_4 = 1$,	woraus folgt:	$l_4 = 25$,
$\lambda_5 = 5$,		$l_5 = 142$,
$\lambda_6 = 3$,		$l_6 = 451$,
$\lambda_7 = 1$,		$l_7 = 593$.

Wegen $\beta = 20$ hat man

$$R = \beta l_7 + l_6 + 12311, \quad S = l_7 = 593;$$

demnach

$$r = 12311\,\xi + 255583\,\psi, \quad s = 12311\,\psi + 593\,\xi;$$

die Werte von ξ und ψ sind im Beispiel VI angegeben.

[**494**] Wäre die Gleichung

$$2 = r^2 - 30 s^2$$

zu lösen, so müßte man nachsehen, ob die Zahl 2 sich in der im Beispiel IV aufgestellten Reihe E, E_1, $\cdots$ findet; da dies nicht der Fall ist, so schließen wir sofort, daß die Gleichung in ganzen Zahlen nicht lösbar ist.

In der Tat, will man bei $E = 2$ die Reihe E_1, E_2, $\cdots$ nach der allgemeinen Methode berechnen, so ist zuerst eine Zahl $\varepsilon < \sqrt{30}$ und $> \sqrt{30} - 2$ finden, für die $30 - \varepsilon$ durch 2 teilbar ist; diesen Bedingungen genügt 4. Ferner wird mit Hilfe dieses Wertes

$$E = 2, \qquad \varepsilon = 4,$$

$$E_1 = \frac{30-16}{2} = 7, \quad \lambda_1 < \frac{\sqrt{30}+2}{7} = 1, \quad \varepsilon_1 = 7 - 4 = 3,$$

$$E_2 = \frac{30-9}{7} = 3, \quad \lambda_2 < \frac{\sqrt{30}+3}{3} = 2, \quad \varepsilon_2 = 6 - 3 = 3,$$

$$E_3 = \frac{30-9}{3} = 7, \quad \lambda_3 < \frac{\sqrt{30}+3}{7} = 1, \quad \varepsilon_3 = 7 - 3 = 4,$$

$$E_4 = \frac{30-16}{7} = 2, \quad \lambda_4 < \frac{\sqrt{30}+4}{2} = 4, \quad \varepsilon_4 = 8 - 4 = 4.$$

$$E_5 = \frac{30-16}{2} = 7,$$

Daraus sieht man, daß in der Reihe E, E_1, E_2, $\cdots$ kein Glied gleich der Einheit wird.

Anwendung auf die Gleichung $\pm 1 = r^2 - Bs^2$, wenn B eine positive, nicht quadratische Zahl ist.

48. Da $1 < \sqrt{B}$ ist, so steht diese Gleichung gleich unter dem Falle von Nr. **34**, wenn man dort $E = 1$ annimmt.

Man sucht demnach zuerst eine positive ganze Zahl $\varepsilon < \sqrt{B}$ und $> \sqrt{B} - 1$, für die $B - \varepsilon$ durch 1 teilbar wird. Hierbei ersieht man, daß für ε die ganze Zahl genommen werden muß, die unmittelbar kleiner als $\sqrt{B}$ ist, und die wir schon allgemein mit β bezeichneten. Es ist also $\varepsilon = \beta$.

[**495**] Da man nun ε und E kennt, so hat man die Reihen E, E_1, E_2, $\cdots$; ε_1, ε_2, $\cdots$; λ_1, λ_2, $\cdots$ mit Hilfe der Formeln $(\varkappa)$, (λ) und (μ) zu bilden, und bei dieser Bildung geht man so weit, bis man auf zwei Glieder E_μ und $E_{\mu+1}$ kommt, die mit den beiden ersten E und E_1 identisch sind. Dies muß, wie in Nr. **35** bewiesen ist, stets eintreten. Dann sind nur noch die Werte von X und Y nach den Formeln von Nr. **41** zu bestimmen, und da $E = 1$, folglich $E_m = E$ ist

(Nr. **37**), d. h. $m = 0$, sieht man, daß die Reihe $\Lambda_1, \Lambda_2, \Lambda_3 \cdots$ dieselbe ist, wie die Reihe $\lambda_1, \lambda_2, \lambda_3, \cdots$; daß folglich die Reihe $L, L_1, L_2, \cdots$ auch dieselbe ist, wie die Reihe $l, l_1, l_2, \cdots$ aus Nr. **39**. Hat man diese letzte Reihe mit Hilfe der Formeln (ϖ) hergestellt, so folgt sofort

$$X = \beta l_{\mu-1} + l_{\mu-2}, \quad Y = l_{\mu-1}.$$

Da $m = 0$ ist, wird (Nr. **40**)

$$R = 1, \quad S = 0;$$
$$r = \xi, \quad s = \psi,$$

und man hat allgemein (Nr. **38**)

$$r = \frac{(X + Y\sqrt{B})^n + (X - Y\sqrt{B})^n}{2},$$

$$s = \frac{(X + Y\sqrt{B})^n - (X - Y\sqrt{B})^n}{2\sqrt{B}}.$$

Dabei muß n so beschaffen sein, daß $n\mu$ gerade oder ungerade wird, je nachdem die Gleichung (Nr. **37**) lautet

$$1 = r^2 - Bs^2 \quad \text{oder} \quad -1 = r^2 - Bs^2.$$

Folglich: I. wenn die Gleichung

$$1 = r^2 - Bs^2$$

vorliegt, muß $n\mu$ gerade sein. Ist μ gerade, so kann man für n irgend eine ganze positive Zahl nehmen; wenn μ ungerade ist, so darf man für n nur gerade Zahlen wählen. Demnach ist jede Gleichung von der Form

$$1 = r^2 - Bs^2$$

in ganzen Zahlen lösbar.

[**496**] II. Wenn die Gleichung

$$-1 = r^2 - Bs^2$$

vorliegt, muß $n\mu$ ungerade sein; das ist nur möglich, wenn auch μ ungerade ist. Falls also der Index μ eine gerade Zahl ist, so ist die vorgelegte Gleichung niemals in ganzen Zahlen lösbar. Wenn dagegen der Index μ ungerade ist, so kann die Gleichung durch die früheren Formeln gelöst werden, in denen man für n nur ungerade Zahlen einsetzt.

49. Ich hatte schon an anderer Stelle (siehe Miscellanea Taurin., IV, 1766; Œuvres I, p. 671) einen Beweis dafür gegeben, daß jede Gleichung von der Form

$$1 = p^2 - Bq^2,$$

in der B eine positive, nicht quadratische Zahl bedeutet, stets auf unendlich viele Arten in ganzen Zahlen lösbar ist, und ich hatte dort auch eine allgemeine Methode dargelegt, durch die alle Lösungen, deren eine solche Gleichung fähig ist, hergeleitet werden können. Die eben gegebene Methode ist direkter und einfacher; zudem hat sie noch den Vorzug, zu zeigen, daß die gegebene Gleichung für jedes B lösbar ist. Dies konnte ich damals nur auf einem ziemlich großen Umwege dartun.

Es ist übrigens klar, daß die Reihen $E, E_1, E_2, \cdots E_{\mu-1}$ und $\lambda_1, \lambda_2, \lambda_3, \cdots \lambda_\mu$, die der Annahme $E = 1$ entspringen, auch zur Lösung aller Gleichungen von der Form

$$\pm E = r^2 - Bs$$

für beliebige Werte von E dienen, wenn $E = \sqrt{B}$ ist. Dies folgt aus der Anmerkung Nr. **47**, weil sich in diesem Falle die Einheit notwendig unter den Gliedern der Periode $E, E_1, E_2, \cdots$ befindet.

[497] § IV. Allgemeine Methode der Untersuchung, wann irgend eine gegebene Zahl A Teiler einer Zahl von der Form $\alpha^2 - B$ bei gegebenem B ist; zugleich Methode zur Auffindung des Wertes von α in einer sehr großen Menge von Fällen.

50. Die in den §§ II und III gegebenen Methoden fordern stets die Kenntnis einer Zahl α, die $< \frac{A}{2}$ und so beschaffen ist, daß $\alpha^2 - B$ durch A teilbar wird. Um eine solche zu erhalten, haben wir vorgeschlagen, der Reihe nach für α alle natürlichen Zahlen $< \frac{A}{2}$ zu nehmen und zu probieren. Diese Operation kann sich oft sehr in die Länge ziehen, besonders wenn keine solche Zahl α vorhanden ist; denn dann muß man der Reihe nach alle Zahlen $< \frac{A}{2}$ durchprobieren, um sicher zu sein, daß keine für α genommen werden kann. Deshalb scheint es nicht unangebracht, hier einige allgemeine Regeln abzuleiten, um im voraus zu erkennen, ob irgend eine gegebene Zahl A ein Divisor einer Zahl von der Form $\alpha^2 - B$ sein kann. Hiermit werden wir eine Methode verbinden, den Wert von α in einer sehr großen Zahl von Fällen zu finden.

51. Ist A keine Primzahl, so muß $\alpha^2 - B$ durch jeden Primzahlfaktor von A einzeln teilbar sein. Wir wollen deshalb untersuchen, woran man erkennen kann, ob eine gegebene Primzahl a Teiler einer Zahl von der Form $\alpha^2 - B$ sein kann, wobei B eine gegebene positive oder negative Zahl sein soll.

[**498**] Ist a ein Teiler von B, so wird a auch Teiler einer Zahl $\alpha^2 - B$ sein; denn man braucht ja nur für α ein Vielfaches von a zu nehmen. Wenn ferner $a = 2$ und B ungerade ist, kann $\alpha^2 - B$ stets zu einem Vielfachen von a dadurch gemacht werden, daß man für α irgend welche ungerade Zahl nimmt.

Hierdurch ist die Frage auf den Fall zurückgeführt worden, daß a eine ungerade Primzahl bedeutet, die kein Teiler von B ist.

Ich behaupte, daß in diesem Falle $\alpha^2 - B$ nur dann durch a teilbar sein kann, wenn es auch $B^{\frac{1}{2}(a-1)} - 1$ ist.

Um diesen Satz zu beweisen, setze ich $\frac{1}{2}(a-1) = m$ und multipliziere $\alpha^2 - B$ mit dem Ausdrucke

$$\alpha^{2(m-1)} + \alpha^{2(m-2)}B + \alpha^{2(m-3)}B^2 + \cdots + B^{m-1},$$

den ich kurz mit P bezeichne. Es folgt

$$(\alpha^2 - B)P = \alpha^{2m} - B^m = \alpha^{a-1} - B^m = (\alpha^{a-1} - 1) - (B^m - 1).$$

Der Annahme nach ist B durch a nicht teilbar; damit also $\alpha^2 - B$ durch a teilbar sei, darf α es nicht sein; ferner ist der Annahme nach a eine Primzahl; daher ist nach dem bekannten *Fermat*schen Satze [siehe: *Fermati* Opera mathem. Tolosae 1679, p. 163, den *Euler* in den Nov. Comm. Acad. Petropol. T. VIII, p. 74*) bewiesen hat], $\alpha^{a-1} - 1$ durch a teilbar. Ist demnach $\alpha^2 - B$ durch a teilbar, so muß auch

$$B^m - 1 = B^{\frac{a-1}{2}} - 1$$

es sein.

Das Gleiche gilt, wenn $u^2 - Bt^2$ durch a teilbar sein soll, falls u und t teilerfremd zu a sind. Denn wenn man

---

*) Einen früheren Beweis findet man ibid. T. I, p. 24. N.

Bt^2 statt B setzt, wird zunächst $B^{\frac{1}{2}(a-1)} \cdot t^{a-1} - 1$ durch a teilbar. Da ferner $t^{a-1} - 1$ stets durch a teilbar ist, so gilt das Gleiche von*) $B^{\frac{1}{2}(a-1)} - 1$.

52. Ich behaupte weiter, daß, wenn $B^{\frac{1}{2}(a-1)} - 1$ durch a teilbar ist, eine Zahl α gefunden werden kann, für die auch $\alpha^2 - B$ durch a teilbar ist.

[**499**] Die Gleichung

$$(\alpha^2 - B)P = (\alpha^{a-1} - 1) - (B^m - 1)$$

der vorigen Nummer zeigt, daß, wenn $B^m - 1$ durch a teilbar ist, auch $(\alpha^2 - B)P$ es sein wird, weil $\alpha^{a-1} - 1$ stets durch a teilbar ist. Da a eine Primzahl ist, so muß der eine oder der andere der beiden Faktoren $\alpha^2 - B$ oder P durch a teilbar sein. Kann man also einen Wert von α finden, für den P nicht durch a teilbar ist, so ist $\alpha^2 - B$ für diesen Wert von α durch a teilbar.

Setzt man wieder $\frac{1}{2}(a - 1)$ anstatt m, so hat man

$$P = \alpha^{a-3} + B\alpha^{a-5} + B^2\alpha^{a-7} + \cdots + B^{\frac{a-3}{2}};$$

trägt man hierin für α der Reihe nach die Zahlen $1, 2, 3, \cdots a - 2$ ein und bezeichnet die so erhaltenen Resultate mit $P_1, P_2, P_3, \cdots P_{a-1}$, so ist nach der Theorie der Differenzen leicht ersichtlich, daß

$$P_1 - (a - 3)P_2 + \frac{(a-3)(a-4)}{2}P_3 - \cdots + P_{a-2}$$
$$= (-1)^{a-1} \cdot 1 \cdot 2 \cdot 3 \cdot 4 \cdots (a - 3)$$

wird.[13]) Wären nun alle Zahlen $P_1, P_2, \cdots P_{a-2}$ durch a teilbar, so müßte es auch $1 \cdot 2 \cdot 3 \cdots (a - 3)$ sein. Da a eine Primzahl ist, so kann das nicht stattfinden; daraus folgt, daß mindestens eine der Zahlen $P_1, P_2, P_3, \cdots$ durch a nicht teilbar ist. Folglich gibt es mindestens eine Zahl, kleiner als $a - 1$, die für α eingesetzt, P durch a nicht teilbar macht. Für diese Zahl wird dann $\alpha^2 - B$ durch a teilbar sein.

Diese beiden Theoreme verdankt man *Euler* (vgl. T. I und IV der Novi Commentarii Petropolitani); doch es hat den Anschein, als ob dieser große Mathematiker nie daran gedacht

---

*) $(B^{\frac{1}{2}(a-1)} t^{a-1} - 1) - B^{\frac{1}{2}(a-1)}(t^{a-1} - 1) = .$ *N.*

hätte, sie zur Lösung der Gleichungen $A = u^2 - Bt^2$ zu verwenden (vgl. T. IX jener Kommentarien).

[500] **53.** Diesen Wert von α wollen wir ξ nennen; ist $\xi > \frac{a}{2}$, so ist $a - \xi < \frac{a}{2}$ wegen $\xi < a$; man darf also stets $\xi < \frac{a}{2}$ annehmen. Allgemein braucht man nur, was auch ξ sei, $\alpha = \mu a \pm \xi$ zu setzen (Nr. **10**), und kann stets die unbestimmte Zahl μ und das Zeichen von ξ so bestimmen, daß $\alpha < \frac{a}{2}$ wird.

Weiß man also, daß $B^{\frac{1}{2}(a-1)} - 1$ durch a teilbar ist, so weiß man auch, daß eine Zahl $\alpha < \frac{a}{2}$ existiert, für die $\alpha^2 - B$ durch a teilbar wird. Um sie zu finden, braucht man dann nur der Reihe nach mit allen natürlichen Zahlen, die $< \frac{a}{2}$ sind, den Versuch zu machen.

54. Ist a von der Form $4n + 3$, so wird, da $B^{\frac{a-1}{2}} - 1$ durch a teilbar ist, auch $B^{2n+1} - 1$ es sein, demnach $B^{2(n+1)} - B$. Setzt man daher

$$\xi = B^{n+1} = B^{\frac{a+1}{4}},$$

so liefert die Formel $\alpha = \mu a \pm \xi$ einen Wert $\alpha < \frac{a}{2}$, für den $\alpha^2 - B$ durch a teilbar ist; in diesem Falle kann man also stets einen Wert von α angeben. Anders, wenn a die Form $4n + 1$ hat; es müßte denn sein, daß man zufällig auf eine ungerade Potenz B^{2r+1} von B stößt, bei der $B^{2r+1} - 1$ durch a teilbar ist; in diesem Falle kann man wieder $\xi = B^{r+1}$ setzen.

55. Wir nehmen jetzt an, man hätte eine Zahl ξ von der Art gefunden, daß $\xi^2 - B$ durch a teilbar ist (a soll, wie gesagt, prim, von 2 verschieden und kein Teiler von B sein); dann behaupte ich, daß man stets eine Zahl ξ_1 finden kann, für die $\xi_1^2 - B$ durch a^2 teilbar ist.

Setzt man nämlich

$$\xi_1 = \xi + \lambda a,$$

so folgt

$$\xi_1^2 - B = \lambda^2 a^2 + 2\lambda a \xi + \xi^2 - B.$$

[501] Da $\xi^2 - B$ durch a teilbar ist, dürfen wir es $= \varpi \cdot a$ setzen. Dann entsteht

$$\xi_1^2 - B = \lambda^2 a^2 + (2\lambda\xi + \varpi)a.$$

Dieser Ausdruck wird durch a^2 teilbar, wenn $2\lambda\xi + \varpi$ ein Vielfaches von a ist. Also handelt es sich nur darum, λ und μ so zu bestimmen, daß die Gleichung

$$\mu a - 2\lambda\xi = \varpi$$

befriedigt wird. Das ist, da a und 2ξ teilerfremd sind, nach der Methode der Nr. 8 stets möglich.

Ebenso kann man mit Hilfe von ξ_1 eine Zahl ξ_2 bestimmen, für die $\xi_2^2 - B$ durch a^3 teilbar ist. Denn ist $\xi_1^2 - B = \varpi_1 a^2$, und nimmt man

$$\xi_2 = \xi_1 + \lambda_1 a^2,$$

so wird

$$\xi_2^2 - B = \lambda_1^2 a^4 + 2\lambda_1 \xi_1 a^2 + \xi_1^2 - B = \lambda_1^2 a^4 + (2\lambda_1\xi_1 + \varpi_1)a^2,$$

so daß man nur λ_1 so zu bestimmen braucht, daß

$$2\lambda_1\xi_1 + \varpi_1 = \mu_1 a$$

gilt. Dazu hat man die Gleichung

$$\mu_1 a - 2\lambda_1\xi_1 = \varpi_1$$

aufzulösen, die sich, weil a und $2\xi_1$ teilerfremd sind, nach der Methode von Nr. 8 befriedigen läßt.

Allgemein kann man stets eine Zahl ξ finden, für die $\xi^2 - B$ durch a^n teilbar ist. Setzt man weiter

$$x = \mu a^n \pm \xi,$$

so wird auch für ein $x < \frac{1}{2}a^n$ die Differenz $x^2 - B$ durch a^n teilbar.

[502] **56.** Zweitens ist zu untersuchen, wann $\xi^2 - B$ durch a^n teilbar ist, falls a und B nicht teilerfremd sind, d. h. wenn B durch a teilbar ist. Wir nehmen allgemein an, es sei B genau durch eine bestimmte Potenz a^r von a teilbar; dann wird, solange $n \leqq r$ ist, $\xi^2 - B$ durch a^n teilbar sein, falls man ξ so wählt, daß ξ^2 durch a^n teilbar ist.

Bei $r < n$ dagegen sind die beiden Fälle zu unterscheiden, wo r gerade oder ungerade ist.

I. Es sei $r = 2s$. Da B durch a^{2s} teilbar ist, so muß es auch ξ^2 sein; daher ist ξ durch a^s teilbar. Setzen wir nun

$$\xi = a^s \xi_1 \quad \text{und} \quad B = a^{2s} B_1,$$

so wird

$$\xi^2 - B = a^{2s}(\xi_1^2 - B_1).$$

Soll dieser Ausdruck durch a^n teilbar sein, muß $\xi_1^2 - B_1$ durch a^{n-2s} teilbar sein; nun ist aber B_1 nicht durch a teilbar, somit ist dieser Fall auf den der vorangehenden Nummer zurückgeführt.

II. Es sei $r = 2s - 1$. Hier folgt ebenso, daß ξ^2 durch a^{2s-1} teilbar ist; das ist nur möglich wenn ξ durch a^s teilbar ist; wir setzen demnach

$$\xi = a^s \xi_1 \quad \text{und} \quad B = a^{2s-1} B_1;$$

dann folgt

$$\xi^2 - B = a^{2s-1}(a\xi_1^2 - B_1).$$

Damit diese Größe durch a^n teilbar sei, muß $a\xi_1^2 - B_1$ durch a^{n-r}, also auch durch a teilbar sein. Das ist unmöglich, da $a\xi_1^2$ es ist, B_1 dagegen nicht. Folglich gibt es in diesem Falle keine Zahl ξ, für die $\xi^2 - B$ durch a^n teilbar wäre.

57. Endlich ist noch der Fall $a = 2$ zu untersuchen. Es sei zuerst B ungerade; dann muß auch ξ ungerade sein. Wir können daher

$$\xi = 2z + 1$$

nehmen und erhalten

$$\xi^2 - B = 4z(z + 1) + 1 - B.$$

Diese Größe soll durch 2^n teilbar sein. [503] Nun bemerken wir, daß für ein gerades wie für ein ungerades z stets $z(z+1)$ durch 2, demnach $4z(z+1)$ durch $8 = 2^3$ teilbar ist. Ist also n nicht größer als 3, so muß auch $1 - B$ durch 2^3 teilbar sein; sonst ist es unmöglich, eine Zahl ξ zu finden, die der Bedingung genügt.

Ist dagegen $n > 3$ und $1 - B$ genau durch 2^r teilbar, wo auch $r > 3$ sein muß, so genügt es, wenn r nicht $< n$ ist, für z eine Zahl von der Form $2^{n-2}\zeta$ zu nehmen; ζ kann dabei beliebig gewählt werden.

Ist aber $r < n$, so muß zunächst $4z(z + 1)$ genau durch 2^r und also $z(z + 1)$ genau durch 2^{r-2} teilbar sein. Also ist

$$z = 2^{r-2}\zeta \quad \text{oder} \quad = 2^{r-2}\zeta - 1$$

zu setzen, und wenn man $1 - B = 2^r\beta$ setzt, muß $2^r[\zeta(2^{r-2}\zeta \pm 1) + \beta]$ durch 2^n, also $\zeta(2^{r-2}\zeta \pm 1) + \beta$ durch 2^{n-r} teilbar sein.

Ist daher $n - r$ nicht $> r - 2$, d. h. n nicht $> 2(r-1)$, so genügt es, daß $\xi \pm \beta$ durch 2^{n-r} teilbar sei; demnach haben wir in diesem Falle

$$\xi = 2^{n-r}\varrho \mp \beta,$$

wo ϱ irgend welche ganze Zahl sein darf.

Ist dagegen $n - r > r - 2$, d. h. $n > 2(r-1)$, so muß zunächst $\xi \pm \beta$ durch 2^{r-2} teilbar, d. h.

$$\xi = 2^{r-2}\varrho \mp \beta$$

sein. Das gibt, in den Ausdruck

$$2^{r-2}\xi^2 \pm \xi + \beta$$

eingesetzt, den Wert

$$2^{r-2}[(2^{r-2}\varrho \mp \beta)^2 \pm \varrho].$$

Soll dies durch 2^{n-r} teilbar sein, so muß

$$(2^{r-2}\varrho \mp \beta)^2 \pm \varrho = 2^{2(r-2)}\varrho^2 \mp 2^{r-1}\varrho\beta + \beta^2 \pm \varrho$$

durch $2^{n-2(r-1)}$ teilbar werden.

[504] Ist daher $n - 2(r-1)$ nicht $> r - 1$, d. h. n nicht $> 3(r-1)$, so genügt es, wenn $\varrho \pm \beta^2$ durch $2^{n-2(r-1)}$ teilbar ist, d. h. wenn man setzt

$$\varrho = 2^{n-2(r-1)}\varpi \mp \beta^2.$$

Ist aber $n - 2(r-1) > r - 1$, d. h. $n > 3(r-1)$, so muß zunächst $\varrho \pm \beta^2$ durch 2^{r-1} teilbar sein, also

$$\varrho = 2^{r-1}\varpi \mp \beta^2;$$

ferner muß

$$2^{r-3}\varrho^2 \mp \varrho\beta \pm \varpi$$
$$= 2^{3r-5}\varpi^2 \mp 2^{2r-3}\beta^2\varpi \mp 2^{r-1}\beta\varpi + 2^{r-3}\beta^4 + \beta^3 \pm \varpi$$

durch $2^{n-3(r-1)}$ teilbar werden; also usw.

Ist endlich B wie $a = 2$ eine gerade Zahl, so tritt der Fall von Nr. **51** ein. Setzt man $B = 2^r B_1$, so genügt es, falls r nicht $< n$ ist, ξ so zu nehmen, daß ξ^2 durch 2^n teilbar wird. Ist dagegen $r < n$ und ungerade, so gibt es keine Zahl, die für ξ genommen werden könnte; und wenn $r < n$ und gerade ist, so setzt man $\xi = 2^{\frac{1}{2}r}\xi_1$; die Frage kommt dann darauf hinaus, ξ_1 so zu bestimmen, daß $\xi_1^2 - B$ durch 2^{n-r} teilbar ist, wobei B_1 jetzt eine ungerade Zahl bedeutet. Dieser Fall führt also auf den oben behandelten zurück.

58. Jetzt mögen f und g irgend zwei teilerfremde Zahlen sein; wir nehmen an, $\xi^2 - B$ sei durch f und $\psi^2 - B$ durch g teilbar. Ist dann

$$x = \mu f \pm \xi = \nu g \pm \psi,$$

so ist $x^2 - B$ gleichzeitig durch f und durch g, mithin, da f und g teilerfremd sind, durch fg teilbar. Daher sind μ und ν so zu bestimmen, daß man hat

$$\mu f \pm \xi = \nu g \pm \psi, \quad \text{d. h.} \quad \mu f - \nu g = \pm \psi \pm \xi;$$

die Zeichen von ψ und ξ dürfen dabei beliebig genommen werden. Diese Gleichung kann, da f und g teilerfremd sind, leicht nach der Methode von Nr. **8** gelöst werden.

Hat man also Zahlen ξ, ξ_1, ξ_2, $\cdots$ gefunden, so daß $\xi^2 - B$, bezw. $\xi_1{}^2 - B$, $\xi_2{}^2 - B$, $\cdots$ durch a^n, bezw. b^p, c^q, $\cdots$ teilbar sind, wobei $a, b, c, \cdots$ teilerfremd sind, so kann man auch eine Zahl x bestimmen, für die $x^2 - B$ durch $a^n b^p c^q \cdots$ teilbar wird. [505] Macht man daher

$$A = a^n b^p c^q \cdots \quad \text{und} \quad \alpha = \mu A \pm x,$$

so wird $\alpha^2 - B$ durch A teilbar, und zwar kann man α so bestimmen, daß es $< \frac{1}{2} A$ wird.

59. Hieraus und aus dem oben Gefundenen ziehe ich die folgenden Schlüsse.

Um zu untersuchen, ob es eine Zahl α gibt, für die $\alpha^2 - B$ durch A teilbar ist, wo A und B gegeben sind, zerlegt man A in seine Primzahlpotenzen; ist a^n eine von ihnen, so unterscheidet man drei Fälle, je nachdem a gleich 2, oder von 2 verschieden und teilerfremd zu B, oder von 2 verschieden und und in B enthalten ist.

I. Ist a von 2 verschieden und teilerfremd zu B, so muß $B^{\frac{1}{2}(a-1)} - 1$ durch a teilbar sein; ist diese Bedingung nicht für jeden Faktor $a, b, \cdots$ erfüllt, so wird für kein α der Ausdruck $\alpha^2 - B$ durch A teilbar; folglich weiß man, daß die Gleichung

$$A = u^2 - Bt^2$$

keine rationale Lösung zuläßt.

II. Wenn $a = 2$ oder III. wenn a ein Teiler von b ist, so erkennt man nach Nr. **56** und **57**, ob es eine Zahl ξ gibt, für die $\xi^2 - B$ durch a^n teilbar ist; sollte das nicht der Fall sein, so schließt man, daß es auch keine Zahl a gibt, für die $a^2 - B$ durch B teilbar ist, und daß die Gleichung

$$A = u^2 - Bt^2$$

keine rationale Lösung zuläßt.

[506] Steht es fest, daß jeder der Primdivisoren a von A die vorgeschriebenen Bedingungen erfüllt, so kann man eine Zahl a finden, $< \frac{1}{2}A$, für die $a^2 - B$ durch A teilbar ist.

Wenn nun unter den Primfaktoren von A, die nicht auch in B vorkommen, keine von der Form $4m + 1$ sind, kann man die Zahl a, um die es sich handelt, ohne Probieren nach den oben (Nr. **54** ff.) gegebenen Methoden finden. Wenn es unter den erwähnten Faktoren einen oder mehrere der Form $4m + 1$ gibt, so genügt es, für jeden von ihnen durch Versuche eine Zahl ξ zu finden, die kleiner als die Hälfte des betrachteten Faktors und für die $\xi^2 - B$ durch diesen Faktor teilbar wird. Hierauf läßt sich a nach den in Nr. **55** u. ff. gegebenen Methoden bestimmen. Oft kann man auch jedes Probieren vermeiden, wenn man nämlich eine ungerade Potenz von B findet, die, durch den betreffenden Faktor dividiert, 1 als Rest gibt (Nr. **54**).

60. Sei beispielsweise $A = 51$ und $B = 7$ wie in Nr. **20.** Da $51 = 3 \cdot 17$ ist, so fragt es sich, ob $7^{\frac{1}{2}(3-1)} - 1$ durch 3, und ob $7^{\frac{1}{2}(17-1)} - 1$ durch 7, d. h. ob $7^1 - 1$ durch 3, und $7^8 - 1$ durch 17 teilbar sei. In der Tat ist $7 - 1 = 6$ durch 3 teilbar, aber $7^8 - 1 = 5764800$ ist nicht durch 17 teilbar, sondern gibt 15 als Rest. Folglich besteht keine Zahl a, für die $a^2 - 7$ durch 51 teilbar wäre.

Behalten wir $A = 51$ bei, nehmen dagegen $B = -7$, so handelt es sich darum, ob $(-7)^{\frac{1}{2}(3-1)} - 1$ durch 3, und ob $(-7)^{\frac{1}{2}(17-1)} - 1$ durch 17, d. h. ob $-7 - 1$ durch 3 und ob $7^8 - 1$ durch 17 teilbar sei. Weder das eine noch das andere tritt ein; folglich besteht auch keine Zahl a, für die $a^2 + 7$ durch 51 teilbar wäre.

[507] **61.** Von Wichtigkeit ist die Bemerkung, daß man sich die Mühe hätte ersparen können, die 8te Potenz von 7 aufzusuchen, um zu erkennen, ob $7^8 - 1$ ein Vielfaches von 17 ist. Denn da es nur darauf ankommt, zu sehen, ob 7^8 durch 17 dividiert den Rest 1 gibt, so betrachten wir zuerst $7^2 = 49$, das durch 17 dividiert den Rest 15 oder als das Komplement zu 17 hiervon den Rest -2 läßt. Daher wird $49^2 = 7^4$ den

Rest $(-2)^2 = 4$ geben; und endlich 7^8 den Rest $4^2 = 16$. So erkennt man, daß $7^8 - 1$ nicht durch 17 teilbar ist, sondern den Rest 15 gibt, wie auch oben gefunden wurde.

Diese Operation gründet sich, wie man sieht, auf den Satz, daß, wenn a^m durch b dividiert den Rest r liefert, a^{mn} durch b dividiert, r^n als Rest gibt (dabei verstehe ich unter Rest allgemein jede Zahl, die, vom Dividenden abgezogen, die Division möglich macht, woraus man ersieht, daß der Rest um ein beliebiges Vielfaches des Divisors vermehrt oder vermindert werden kann). Wenn nämlich

$$a^m = \mu b + r$$

ist, wobei μ den Quotienten der Division von a^m durch b bedeutet, so wird

$$a^{mn} = (\mu b + r)^n = \nu b + r^n,$$

weil alle Glieder der Entwicklung von $(\mu b + r)^n$ mit Ausnahme des letzten, r^n, durch b teilbar sind.

Sei allgemein r der Rest der Division von f durch b, und s der Rest der Division von g durch b, so wird rs der der Division von fg durch b sein. Denn es ist

$$f = \mu b + r, \quad g = \nu b + s,$$

also

$$f \cdot g = \mu \nu b^2 + \mu s b + \nu r b + rs = \lambda b + rs.$$

[508] **62.** Wir nehmen noch $A = 109$ und $B = 7$. Da 109 eine Primzahl ist, muß man untersuchen, ob 7^{54} durch 109 dividiert den Rest 1 läßt.

Hierzu zerlege ich den Exponenten 54 in seine Primfaktoren 3, 3, 3, 2 und nehme zuerst den Kubus von 7, d. h. 343; dieser gibt durch 109 dividiert den Rest 16; ferner nehme ich den Kubus dieses Restes; der ist 4096; er gibt 63 oder auch -46 als Rest; hiervon nehme ich wieder den Kubus; das ist -97336, und erhalte hierbei als Rest -108 oder 1; endlich nehme ich das Quadrat dieses Restes und erhalte wieder 1. Das ist also der Rest der Division von 7^{54} durch 109; daher ist $7^{54} - 1$ durch 109 teilbar.

Nun ist 109 zwar eine Primzahl von der Form $4n + 1$, so daß die Methode der Nr. **54** nicht direkt verwendbar ist, um eine Zahl ξ zu finden, für die $\xi^2 - 17$ durch 109 teilbar wird; allein da man eben gesehen hat, daß der Rest der Division von 7^{27} durch 109 gleich 1 ist, so kann man $\xi = 7^{14}$ oder gleich dem Reste der Division von 7^{14} durch 109 machen.

Um diesen Rest zu finden, erinnere ich mich, daß 7^3 als Rest 16 und 7^9 als Rest -46 gibt; demnach gibt 7^{12} als Rest $-16 \cdot 46 = -736$, und der Rest der Division von -736 durch 109 ist -82 oder auch $+27$. Weil $7^2 = 49$ ist, multipliziert man noch $27 \cdot 49 = 1323$, und der Rest der Division von 1323 durch 109 ist gleich dem der Division von 7^{14} durch 109. So erhält man $\xi = 15$, wie auch schon in Nr. **20** gefunden wurde.

Man sieht hieraus, daß, wenn es sich darum handelt, den Rest der Division von $B^{\frac{1}{2}(a-1)}$ durch die Primzahl a zu finden, es nützlich ist, zunächst die Reste der ungeraden Potenzen von B zu suchen, deren Exponenten Teiler von $\frac{1}{2}(a-1)$ sind; denn wenn man dabei auf eine Potenz mit dem Reste 1 stößt, kann man mit ihrer Hilfe die Zahl ξ bestimmen.

[509] § V. Methode zur Auffindung aller möglichen ganzzahligen Lösungen der Gleichungen zweiten Grades mit zwei Unbekannten.

63. In § III haben wir eine Methode gegeben, alle möglichen ganzzahligen Lösungen einer beliebigen Gleichung von der Form

$$A = u^2 - Bt^2$$

zu finden. Wenn es sich aber daraum handelt, in ganzen Zahlen eine beliebige Gleichung zweiten Grades mit zwei Unbekannten zu lösen, wie die Gleichung aus Nr. **1**, so genügt es nicht, daß in $A = u^2 - Bt^2$ die Werte u und t ganze Zahlen seien, sondern die beiden Zahlen u und t müssen überdies so beschaffen sein, daß $\pm u - f$ durch B, und daß $\pm t - \delta - \frac{\beta(\pm u - f)}{B}$ durch $2a$ teilbar sei; die Vorzeichen von u und t sind willkürlich (Nr. **2**).

Ist B eine negative Zahl, so wissen wir aus Nr. **27**, dass die Anzahl der Lösungen von

$$A = u^2 - Bt^2$$

endlich ist; hier braucht man also nur alle gefundenen Wertepaare u, t nacheinander einer Probe zu unterwerfen, um zu sehen, ob es unter ihnen solche gibt, die den notwendigen Bedingungen entsprechen; ist dies bei keinem Paare u, t der Fall, so ist die vorgelegte Gleichung nicht in ganzen Zahlen lösbar.

Anders gestaltet es sich dagegen, wenn B eine positive Zahl ist; denn in diesem Falle ist, wie wir (Nr. **44**) gesehen haben, die Anzahl der Lösungen Null oder Unendlich. Ist die Gleichung

$$u^2 - Bt^2 = A$$

lösbar, so kann man durch unsere Methoden allgemeine Formeln aufstellen, die alle möglichen Lösungen in sich schließen; somit wird die vorliegende Frage darauf zurückgeführt, unter dieser unendlichen Zahl von Wertepaaren u, t alle Paare herauszusuchen, die den vorgeschriebenen Bedingungen genügen. Das ist der Gegenstand der folgenden Untersuchungen.

[510] **64.** Zuerst hebe ich hervor, dass u, t allgemein die Formen

$$u = \varrho p, \quad t = \varrho q$$

besitzen, worin ϱ^2 ein Faktor von A ist (Nr. **22**). p und q haben dabei die Formen (Nr. **44**)

$$p = a\xi + Bb\psi, \quad q = a\psi + b\xi,$$

in denen a und b gegebene ganze Zahlen bedeuten. ξ und ψ werden durch

$$\xi = \frac{(X + Y\sqrt{B})^n + (X - Y\sqrt{B})^n}{2},$$

$$\psi = \frac{(X + Y\sqrt{B})^n - (X - Y\sqrt{B})^n}{2\sqrt{B}}$$

bestimmt. Dabei sind X und Y gegeben, und n kann irgend welche ganze, positive, gerade oder ungerade, oder nur gerade, oder nur ungerade Zahl sein. Die ganze Schwierigkeit besteht also darin, die Werte von n zu finden, für die die beiden Zahlen

$$\frac{f \pm \varrho p}{B} \quad \text{und} \quad \frac{\beta(f \pm \varrho p) - B(\delta \pm \varrho p)}{2\alpha B}$$

ganz werden.

An zweiter Stelle hebe ich hervor, daß wenn der Index μ gerade ist, n eine beliebige positive ganze Zahl sein darf (Nr. **37**), und daß in diesem Falle (Nr. **41**) X und Y die Gleichung

$$X^2 - BY^2 = 1$$

befriedigen.

Wenn dagegen μ ungerade ist, darf der Exponent n nur gerade oder nur ungerade sein, und man hat die Relation

$$X^2 - BY^2 = -1.$$

Wir wollen zunächst den Fall betrachten, daß der Exponent n nur ungerade sein darf; wir setzen $n = 2n' + 1$.
[511] Nimmt man dann

$$\xi_1 = \frac{(X + Y\sqrt{B})^{2n'} + (X - Y\sqrt{B})^{2n'}}{2},$$

$$\psi_1 = \frac{(X + Y\sqrt{B})^{2n'} - (X - Y\sqrt{B})^{2n'}}{2\sqrt{B}},$$

so folgt

$$\xi = X\xi_1 + BY\psi_1, \quad \psi = X\psi_1 + Y\xi_1,$$

also

$$p = (aX + BbY)\xi_1 + B(aY + bX)\psi_1,$$
$$q = (aX + BbY)\psi_1 + (aY + bX)\xi_1;$$

diese Ausdrücke sind von der gleichen Form wie die vorhergehenden, aber der Exponent von $X \pm Y\sqrt{B}$ muß in ihnen stets gerade sein.

Dieser zweite Fall eines stets geraden Exponenten läßt sich weiter auf den Fall zurückführen, in dem der Exponent eine beliebige, gerade oder ungerade Zahl sein kann. Weil nämlich

$$(X + Y\sqrt{B})^2 = X^2 + BY^2 \pm 2XY\sqrt{B}$$

ist, so folgt

$$(X \pm Y\sqrt{B})^{2n'} = (X_1 \pm Y_1\sqrt{B})^{n'},$$

falls man

$$X_1 = X^2 + BY^2, \quad Y_1 = 2XY$$

bezeichnet. Setzt man daher X_1, Y_1 an die Stelle von X, Y, so darf wegen der letzten Formel der Exponent n' eine beliebige, gerade oder ungerade Zahl werden.

Außerdem hat man, wie im Falle eines geraden Index μ,

$$X_1^2 - BY_1^2 = (X^2 + BY^2)^2 - B(2XY)^2 = (X^2 - BY^2)^2 = 1.$$

Hieraus folgt, daß für gerades wie für ungerades μ die Größen p und q stets auf die Form gebracht werden können

$$p = a\xi + Bb\psi, \quad q = a\psi + b\xi,$$

wobei ξ und ψ die oben gegebenen Ausdrücke sind, der Exponent n eine beliebige positive ganze Zahl ist, und die Größen X und Y der Gleichung $X^2 - BY^2 = 1$ genügen.

[512] **65.** Jetzt wollen wir allgemein untersuchen, welchen Wert der Exponent n annehmen kann, damit eine Zahl von der Form $F + Gp + Hq$ durch irgend eine ganze Zahl R teilbar sei (F, G, H sind dabei gegebene ganze durch R nicht teilbare Zahlen). Hierfür ist folgendes Theorem zu beweisen:

Es sei r irgend eine ungerade Primzahl; X und Y seien zwei ganze Zahlen, die die Bedingung $X^2 - BY^2 = 1$ erfüllen. I. Wenn B durch r teilbar ist, so behaupte ich, daß $(X \pm Y\sqrt{B})^{2r} - 1$ es auch ist; II. wenn B durch r nicht teilbar ist (während natürlich nach dem *Fermat*schen Satze $B^{r-1} - 1$ es ist), so unterscheide ich zwei Fälle, je nachdem $B^{\frac{1}{2}(r-1)} - 1$ oder $B^{\frac{1}{2}(r-1)} + 1$ durch r teilbar ist (aus dem eben herangezogenen *Fermat*schen Satz folgt, daß stets eine dieser beiden Größen durch r teilbar ist). Ich behaupte, daß im ersten Falle $(X \pm Y\sqrt{B})^{r+1} - 1$, und im zweiten $(X \pm Y\sqrt{B})^{r-1} - 1$ durch r teilbar ist.

Wir entwickeln $(X \pm Y\sqrt{B})^r$ nach dem *Newton*schen binomischen Satze; dabei erhalten wir, weil r ungerade ist,

$$X^r \pm rX^{r-1}Y\sqrt{B} + \binom{r}{2} X^{r-2}Y^2B$$
$$\pm \binom{r}{3} X^{r-3}Y^3B\sqrt{B} + \cdots \pm Y^rB^{\frac{1}{2}(r-1)}\sqrt{B}.$$

Da r eine Primzahl ist, so sind die Binomialkoeffizienten[4]) $r, \binom{r}{2}, \binom{r}{3}, \cdots$ sämtlich durch r teilbar; also wird

$$(X \pm Y\sqrt{B})^r - X^r \mp Y^rB^{\frac{r-1}{2}}\sqrt{B}$$

für beliebige Zahlen X, Y, B durch r teilbar. [513] Nach dem schon (Nr. **51**) benutzten *Fermat*schen Satze ist $X^{r-1} - 1$ durch r teilbar, wenn X es nicht ist, und daher ist es für ein beliebiges X der Ausdruck $X^r - X$. Ebenso ist $Y^r - Y$ und folglich auch $\mp (Y^r - Y) B^{\frac{1}{2}(r-1)}\sqrt{B}$ durch r teilbar.

Subtrahiert man die beiden erhaltenen Größen von der obigen, so folgt, daß

$$(X \pm Y\sqrt{B})^r - X \mp YB^{\frac{1}{2}(r-1)}\sqrt{B}$$

stets durch r teilbar ist.

Daraus schließen wir: I. wenn B durch r teilbar ist, muß $(X \pm Y\sqrt{B})^r - X$ es auch sein und also auch das Produkt aus dieser Größe und aus $(X \pm Y\sqrt{B})^r + X$, d. h.

$$(X \pm Y\sqrt{B})^{2r} - X^2.$$

Nun ist nach der Voraussetzung $X^2 - BY^2 = 1$, mithin wird $X^2 - 1 = BY^2$ auch durch r teilbar; addiert man daher $X^2 - 1$ zu der vorigen Größe, so wird gleichfalls

$$(X \pm Y\sqrt{B})^{2r} - 1$$

durch r teilbar. Damit ist der erste Teil der oben aufgestellten Behauptungen bewiesen.

II. Ist B nicht durch r teilbar, aber $B^{\frac{1}{2}(r-1)} + 1$, so ist auch

$$YB^{\frac{1}{2}(r-1)}\sqrt{B} + Y\sqrt{B}$$

durch r teilbar. Verbindet man diese Größe durch Addition oder Subtraktion mit dem durch r teilbaren

$$(X \pm Y\sqrt{B})^r - X \mp YB^{\frac{1}{2}(r-1)}\sqrt{B},$$

so erhält man die Größe

$$(X \pm Y\sqrt{B})^r - X \pm Y\sqrt{B},$$

und wenn man mit $X \pm Y\sqrt{B}$ multipliziert, das Produkt

$$(X \pm Y\sqrt{B})^{r+1} - (X^2 - BY^2).$$

Beides ist demnach durch r teilbar, und da $X^2 - BY^2 = 1$ wird, auch

$$(X \pm Y\sqrt{B})^{r+1} - 1.$$

[514] III. Ist nicht $B^{\frac{1}{2}(r-1)} + 1$, sondern $B^{\frac{1}{2}(r-1)} - 1$ durch r teilbar, so ist auch

$$YB^{\frac{1}{2}(r-1)}\sqrt{B} - Y\sqrt{B}$$

durch r teilbar. Verbindet man dies durch Addition oder Subtraktion mit

$$(X \pm Y\sqrt{B})^r - X \mp YB^{\frac{1}{2}(r-1)}\sqrt{B},$$

so kommt man auf den Ausdruck

$$(X \pm Y\sqrt{B})^r - X \mp Y\sqrt{B},$$

der auch durch r teilbar ist; folglich gilt das Gleiche von dem Produkte aus ihm und $(X \mp Y\sqrt{B})$, d. h. von

$$(X^2 - BY^2)[(X \pm Y\sqrt{B})^{r-1} - 1],$$

also, wegen $X^2 - BY^2 = 1$, von

$$(X \pm Y\sqrt{B})^{r-1} - 1.$$

Damit sind die obigen Behauptungen in allen Teilen bewiesen.

66. Ist $r = 2$, so wird $(X \pm Y\sqrt{B})^r - 1$ durch r teilbar. Denn es ist

$$(X \pm Y\sqrt{B})^2 - 1 = X^2 + BY^2 \pm 2XY\sqrt{B} - 1$$
$$= 2BY^2 \pm 2XY\sqrt{B}$$

wegen $X^2 - BY^2 = 1$.

[515] **67.** Von jetzt ab bezeichnen wir mit ϱ einen solchen Exponenten von $X \pm Y\sqrt{B}$, für den $(X \pm Y\sqrt{B})^\varrho - 1$ durch die beliebige Primzahl r teilbar wird. Ist also B durch das ungerade r teilbar, so wird $\varrho = 2r$; ist B nicht teilbar durch das ungerade r, wohl aber $B^{\frac{1}{2}(r-1)} + 1$, so setzen wir $\varrho = r + 1$; wenn dagegen $B^{\frac{1}{2}(r-1)} - 1$ es ist, so setzen wir $\varrho = r - 1$. Für $r = 2$ endlich wird $\varrho = r$.

68. Ist $a^\varrho - 1$ durch r teilbar, so werden $a^{r\varrho} - 1$, $a^{r^2\varrho} - 1$, $\cdots$ teilbar durch r^2, bezw. r^3, $\cdots$.

Weil nämlich der Annahme gemäß $a^\varrho - 1$ durch r teilbar ist, so wird es für jede beliebige ganze positive Zahl m auch $a^{m\varrho} - 1$; folglich sind es alle Größen

$$a^\varrho - 1, \quad a^{2\varrho} + a^\varrho - 2, \quad a^{3\varrho} + a^{2\varrho} + a^\varrho - 3, \cdots,$$

daher auch

$$a^{r\varrho} + a^{(r-1)\varrho} + a^{(r-2)\varrho} + \cdots + a^\varrho - r$$

und, nach Unterdrückung des letzten Summanden,

$$a^\varrho[a^{(r-1)\varrho} + a^{(r-2)\varrho} + \cdots + 1].$$

Weil $a^\varrho - 1$ durch r teilbar ist, kann a^ϱ es nicht sein; folglich können wir den Faktor a^ϱ des letzten Ausdrucks weglassen und erkennen, daß auch

$$a^{(r-1)\varrho} + a^{(r-2)\varrho} + a^{(r-3)\varrho} + \cdots + 1$$

durch r teilbar wird. Multipliziert man dies mit der auch durch r teilbaren Differenz $a^\varrho - 1$, so ersieht man, daß das Produkt $a^{r\varrho} - 1$ durch r^2 teilbar wird.

Ebenso beweist man, daß

$$a^{(r-1)r\varrho} + a^{(r-2)r\varrho} + a^{(r-3)r\varrho} + \cdots + 1$$

durch r teilbar ist. Multipliziert man das mit $a^{r\varrho} - 1$, so zeigt sich das Produkt $a^{r^2\varrho} - 1$ durch r^3 teilbar usf.

[516] **69.** Hieraus folgt, da $(X \pm Y\sqrt{B})^\varrho - 1$ durch r teilbar ist, daß $(X + Y\sqrt{B})^{r\varrho} - 1$ durch r^2, daß weiter $(X \pm Y\sqrt{B})^{r^2\varrho} - 1$ durch r^3, und allgemein, daß

$$(X \pm Y\sqrt{B})^{r^{m-1}\varrho} - 1$$

durch r^m teilbar wird.

70. Wir gehen jetzt auf die Größe $F + Gp + Hq$ zurück, die durch R teilbar gemacht werden sollte (Nr. **65**). Jede Zahl R kann auf die Form $r^m r_1^{m_1} r_2^{m_2} \cdots$ gebracht werden, in der $r, r_1, r_2, \cdots$ voneinander verschiedene Primzahlen bedeuten. Damit die Größe, um die es sich handelt, durch R teilbar sei, ist es hinreichend und notwendig, daß sie einzeln durch jeden Faktor $r^m, r_1^{m_1}, r_2^{m_2}, \cdots$ teilbar werde. Denn wenn dies eintritt, ist die Größe auch durch das Produkt R teilbar. Man braucht also nur die notwendigen Bedingungen dafür aufzusuchen, daß die Größe $F + Gp + Hq$ durch beliebig viele Zahlen von der Form r^m teilbar ist, wo r eine willkürliche Primzahl bedeutet.

Setzt man die Werte p und q und dann die von ξ und ψ ein*) (Nr. **64**), so nimmt jene Größe die Form an

$$F + P(X + Y\sqrt{B})^n + Q(X - Y\sqrt{B})^n,$$

in der n eine beliebige ganze positive Zahl sein kann.

Gesetzt, n ist ein Exponent, für den diese Größe durch r^m teilbar wird, so behaupte ich: wenn $n > r^{m-1}\varrho$, wobei ϱ die oben angegebene Bedeutung besitzt (Nr. **67**), und wenn man den Rest der Division von n durch $r^{m-1}\varrho$ mit N bezeichnet, so ist der Ausdruck

$$F + P(X + Y\sqrt{B})^N + Q(X - Y\sqrt{B})^N$$

gleichfalls durch r^m teilbar.

---

*) S. 118, Z. 1 v. u. und S. 117, Mitte. *N.*

[517] Denn sei

$$n = \mu r^{m-1}\varrho + N,$$

wo μ den Quotienten der Division von n durch $r^{m-1}\varrho$ bedeutet. Weil

$$(X \pm Y\sqrt{B})^{r^{m-1}\varrho} - 1$$

durch r^m teilbar ist Nr. **69**, wird auch

$$(X \pm Y\sqrt{B})^{\mu r^{m-1}\varrho} - 1$$

es sein und auch das Produkt daraus und aus $(X \pm Y\sqrt{B})^N$; d. h. also

$$(X \pm Y\sqrt{B})^n - (X \pm Y\sqrt{B})^N$$

ist durch r^m teilbar. Daher sind die beiden Großen

$$P(X + Y\sqrt{B})^n - P(X + Y\sqrt{B})^N$$

und

$$Q(X - Y\sqrt{B})^n - Q(X - Y\sqrt{B})^N$$

durch r^m teilbar; zieht man ihre Summe von

$$F + P(X + Y\sqrt{B})^n + Q(X - Y\sqrt{B})^n$$

ab, so erhält man die gleichfalls durch r^m teilbare Größe

$$F + P(X + Y\sqrt{B})^N + Q(X - Y\sqrt{B})^N.$$

71. Wenn daher

$$F + Gp + Hq$$

durch r^m teilbar ist, falls man dem Exponenten n in ξ und ψ einen bestimmten, beliebig hohen Wert gibt, so gibt es auch einen Wert von n, der $< r^{m-1}\varrho$ ist, für den der Ausdruck

$$F + Gp + Hq$$

gleichfalls durch r^m teilbar wird.

Um also zu entscheiden, ob die fragliche Größe durch r^m teilbar ist, braucht man nur der Reihe nach

$$n = 0,\ 1,\ 2,\ \cdots\ r^{m-1}\varrho$$

zu setzen; und wenn keine dieser Zahlen als Exponent den Ausdruck durch r^m teilbar macht, so ist das ein Zeichen, daß er es nie wird, welchen Wert man dem n auch geben mag. Man kann somit daraus schließen, daß die fragliche Größe nie durch r^m teilbar ist.

[518] Finden wir dagegen einen oder mehrere Werte von n, die $< r^{m-1}\varrho$ sind, für die die gegebene Größe durch r^m teilbar wird, und nennen wir jeden dieser Werte N, so sind alle Werte von n derselben Eigenschaft in der Formel

$$n = \mu r^{m-1}\varrho + N$$

enthalten, wo μ eine beliebige positive Zahl ist.

72. Damit also die Größe

$$F + Gp + Hq$$

durch R teilbar werde, muß sie (Nr. **70**, **71**) durch r^m für ein $n < r^{m-1}\varrho$, durch $r_1^{m_1}$ für ein $n < r_1^{m_1-1}\varrho_1$, $\cdots$ teilbar sein.

Wäre eine dieser Bedingungen nicht befriedigt, so wäre es unmöglich, daß die betreffende Größe für irgend welchen Wert von n durch R teilbar wird.

Wir nehmen also an, alle diese Bedingungen wären erfüllt, und N wäre der Wert, oder wenn es mehrere gibt, einer der Werte von n, der kleiner ist als $r^{m-1}\varrho$, und für den $F + Gp + Hq$ durch r^m teilbar wird; N_1 einer der Werte, für den dieselbe Größe durch $r_1^{m_1}$ teilbar wird (bei $N_1 < r_1^{m_1-1}\varrho_1$) usw.; dann hat man für beliebige ganze Zahlen $\mu, \mu_1, \mu_2, \cdots$

$$n = \mu r^{m-1}\varrho + N, \quad n_1 = \mu_1 r_1^{m_1-1}\varrho_1 + N_1,$$
$$n_2 = \mu_2 r_2^{m_2-1}\varrho_2 + N_2, \cdots.$$

Um jetzt Exponenten n zu finden, für die die gegebene Größe durch R teilbar wird, braucht man nur $\mu, \mu_1, \mu_2, \cdots$ so zu bestimmen, daß

$$\mu r^{m-1}\varrho + N = \mu_1 r_1^{m_1-1}\varrho_1 + N_1 = \mu_2 r_2^{m_2-1}\varrho_2 + N_2 \cdots$$

wird. Dies läßt sich nach der Methode der Nr. 8 ausführen.

[519] Die Frage ist also allgemein darauf zurückgeführt, eine Zahl n zu finden, die durch $r^{m-1}\varrho$ dividiert, den Rest N, durch $r_1^{m_1-1}\varrho_1$ dividiert, den Rest N_1 gibt, durch $r_2^{m_2-1}\varrho_2$ dividiert, den Rest N_2 usw. Es gibt mehrere abgekürzte Methoden für die Lösung solcher Probleme.

Die einfachste ist die folgende. Wir nennen die einzelnen Divisoren $M, M_1, M_2, \cdots$, so daß hier $M = r^{m-1}\varrho$, $M_1 = r^{m_1-1}\varrho_1, \cdots$ ist, und die einzelnen Reste $N, N_1, N_2, \cdots$. Man sucht zuerst das kleinste gemeinsame Vielfache aller Divisoren $M, M_1, M_2, \cdots$; dies heiße P. Dann sucht man das kleinste gemeinsame Vielfache der Divisoren $M, M_2, M_3, \cdots$, d. h. aller außer M_1, und nennt dies Q; ebenso sucht man das kleinste gemeinsame Vielfache von $M, M_1, M_3, \cdots$, d. h. aller Divisoren außer M_2, und nennt dies Q_1 usf. Endlich sucht man nach der Methode der Nr. 8 ganze Zahlen μ, ν; μ_1, ν_1; μ_2, ν_2; $\cdots$, für die

$$\begin{aligned} \mu Q - \nu M_1 &= N_1 - N, \\ \mu_1 Q_1 - \nu_1 M_2 &= N_2 - N, \\ \mu_2 Q_2 - \nu_2 M_3 &= N_3 - N, \\ &\cdots\cdots \end{aligned}$$

ist; die Anzahl dieser Gleichungen ist um 1 geringer als die der Divisoren $M, M_1, \cdots$. Ferner setzt man zur Abkürzung

$$N + \mu Q + \mu_1 Q_1 + \mu_2 Q_2 + \cdots = L$$

und hat allgemein für jede ganze Zahl λ das Resultat

$$n = \lambda P + L.$$

Da der Beweis aus der Nr. 8 leicht folgt, so halten wir uns bei ihm nicht auf.

Sind die Zahlen Q und M_1 teilerfremd, so kann man die Gleichung

$$\mu Q - \nu M_1 = N_1 - N$$

stets lösen und zwar (Nr. 8) auf unendlich viele Arten; für uns genügt es, einen einzigen Wert von μ zu haben, der dann in den Ausdruck für L eingetragen wird.

[**520**] Sind jedoch die beiden Zahlen Q und M_1 nicht teilerfremd, so ist

$$\mu Q - \nu M_1 = N_1 - N$$

nur dann in ganzen Zahlen lösbar, wenn $N_1 - N$ durch den größten gemeinsamen Teiler von Q und M_1 teilbar ist. Ist diese Bedingung nicht erfüllt, so gibt es keine Zahl n mit den gewünschten Eigenschaften; demnach kann in diesem Falle

$$F + Gp + Hq$$

nie durch R teilbar werden. Das Entsprechende gilt hinsichtlich der übrigen Gleichungen

$$\mu_1 Q_1 - \nu_1 M_2 = N_2 - N, \cdots.$$

Um also zu erkennen, ob die Größe

$$F + Gp + Hq$$

durch R teilbar werden kann, und um gleichzeitig die Werte der Exponenten n zu bestimmen, die es teilbar machen, genügt es, alle Werte $n = 0, 1, 2, \cdots$ bis zu der größten der Zahlen

$$r^{m-1}\varrho, \quad r_1^{m_1-1}\varrho_1, \quad r_2^{m_2-1}\varrho_2, \cdots$$

zu untersuchen. Dazu reicht eine endliche Zahl von Versuchen aus.

73. Nehmen wir jetzt weiter an, man hätte eine andere Größe

$$F_1 + G_1 p + H_1 q,$$

die durch R_1 teilbar sein soll, so findet man nach der oben besprochenen Methode für jeden etwa vorhandenen Wert des Exponenten n, der die Forderung befriedigt, die Form

$$n = \lambda_1 P_1 + L_1;$$

dabei sind P_1 und L_1 bekannte Zahlen, und λ_1 ist eine beliebige ganze Zahl.

[**521**] Sollen die beiden Größen

$$F + Gp + Hq \quad \text{und} \quad F_1 + G_1 p + H_1 q$$

gleichzeitig, die erste durch R, die zweite durch R_1 teilbar sein, so muß n gleichzeitig durch die beiden Formen $\lambda P + L$ und $\lambda_1 P_1 + L_1$ darstellbar sein, d. h. es müssen Zahlen λ und λ_1 gefunden werden können, für die

$$\lambda P + L = \lambda_1 P_1 + L_1$$

wird, eine Aufgabe, die nach der Methode von Nr. 8 gelöst wird. Es folgt für n ein Ausdruck

$$n = \varpi \Pi + \Delta,$$

wo Π das kleinste gemeinsame Vielfache von P und P_1, ferner Δ eine gegebene ganze Zahl und ϖ eine beliebige ganze Zahl bedeutet. Es gibt daher unendlich viele Werte von n, die beiden gestellten Bedingungen genügen.

74. Nun lassen sich die Werte x und y der Unbekannten einer beliebigen Gleichung zweiten Grades (Nr. **2** und **64**) stets durch die Formen

$$x = \frac{F + Gp + Hq}{R}, \quad y = \frac{F_1 + G_1 p + H_1 q}{R_1}$$

darstellen, wenn die beiden Werte ganze Zahlen sind, und wenn B positiv ist; dabei kann der Exponent n der Größen $X \pm Y\sqrt{B}$, die in p und q eingehen, eine beliebige ganze positive Zahl sein. Somit erkennt man leicht nach der voraufgehenden Methode, ob die Unbekannten x und y ganze Zahlen sein können. Ist dies der Fall, so findet man alle möglichen Werte des Exponenten n, für die x und y ganze Zahlen werden; und solcher Werte gibt es dann unendlich viele.

Es ist also die Anzahl der ganzzahligen Lösungen einer beliebigen Gleichung zweiten Grades mit zwei Unbekannten bei positivem B entweder gleich Null oder gleich Unendlich.

[**522**] Es könnten noch, um die Anwendung der vorangehenden Methoden zu zeigen, einige Beispiele erwünscht erscheinen; aber da diese Anwendung keinerlei Schwierigkeit macht, so brauchen wir wohl darauf nicht einzugehen, zumal da sonst diese Abhandlung zu lang werden könnte.[14])

Anmerkungen.

Adrien-Marie Legendre sagt im § 36 der dritten Auflage seiner Zahlentheorie*): »*Fermat* ist der Erste, der die Auflösung der Gleichung

$$x^2 - Ay^2 = 1$$

gekannt zu haben scheint; wenigstens legte er diese Aufgabe gleichsam als Herausforderung den englischen Mathematikern vor. Lord *Brounker* gab eine Auflösung, die man in dem Werke von *Wallis* findet, und die fast wörtlich in den zweiten Teil von *Eulers* Algebra aufgenommen ist. Aber einerseits hat *Fermat* nichts über seine eigene Auflösung veröffentlicht, andererseits zeigt die, wenn auch sehr geistreiche Methode der englischen Mathematiker doch nicht in bestimmter Weise, daß die Aufgabe immer lösbar sei. Es blieb daher noch zu beweisen übrig, daß die Gleichung $x^2 - Ay^2 = 1$ stets in ganzen Zahlen lösbar ist. Dies hat *Lagrange* in ebenso scharfsinniger wie strenger Weise in den »Gemischten Abhandlungen der Turiner Akademie« Band IV**) und sodann in den Abhandlungen der Berliner Akademie vom Jahre 1767***) getan. Dieser Beweis, sowie die ihm beigegebene Methode der Auflösung müssen als wichtigste Schritte, die bis heute in der unbestimmten Analysis gemacht worden sind, betrachtet werden.«

Carl Friedrich Gauß äußert sich†) folgendermaßen: »Das berühmte . . . Problem« (alle unbestimmten Gleichungen zweiten Grades mit zwei Unbekannten durch ganze Zahlen zu

---

*) Ins Deutsche übertragen von *H. Maser*; Bd. I, S. 60. Leipzig 1886.

**) Œuvres de *Lagrange*; I, pag. 671. Paris 1867.

***) Ibid. II, pag. 375—522. Paris 1868.

†) Disquisitiones arithemicae § 222; deutsch von *H. Maser*. p. 211. Berlin 1889.

lösen) »hat zuerst *Lagrange* vollständig gelöst, Hist. de l'Ac. de Berlin 1767, p. 165 und 1768, p. 181 u. ff. Es findet sich auch eine minder vollständige Lösung in den . . . Supplementen zu *Eulers* Algebra. . . . Die *Lagrange*sche Abhandlung erfaßt die Aufgabe in ihrer ganzen Allgemeinheit und läßt in dieser Beziehung nichts zu wünschen übrig.«

Diese Anführungen reichen aus, den Wert und die Bedeutung der in diesem Hefte deutsch herausgegebenen Abhandlung von *Lagrange*: »Sur la solution des problèmes indéterminés du second degré« zu kennzeichnen. Über ihre Einordnung in die Entwicklung des Problems vergleiche man die fesselnde Darstellung in *H. Konen*: »Geschichte der Gleichung $t^2 - Du^2 = 1$«, p. 59 ff. Leipzig 1901.

Kleinere Anmerkungen, die das schnellere Verständnis zu fördern schienen, sind in Klammern unter den Text gesetzt und mit »*N.*« gezeichnet.

Besondere Anmerkungen.

1) *Zu S. 4.* Die Titel dieser Abhandlungen sind: »De solutione problematum Diophanteorum per numeros integros« und »De resolutione formularum quadraticarum indeterminarum per numeros integros«. Aus dieser Stelle ergibt sich, daß *Lagrange* die *Euler*sche Abhandlung: »De usu novi algorithmi in problemate Pelliano solvendo« (Nov. Comment. Petrop. XI, 1765) noch nicht kannte.

2) *Zu S. 9, 13.* Die Begriffe »größer« und »kleiner« bezieht *Lagrange* auf die absoluten Werte der betrachteten Größen; wiewohl er in Nr. **10** den Begriff und den Ausdruck »valeur absolue« verwendet, drückt er sich dennoch an allen übrigen Stellen anders und schwerfälliger aus.

3) *Zu S. 10.* Nach der von *Gauß* eingeführten Bezeichnungsweise heißt das, »wenn B quadratischer Rest für den Modul A ist«.

4) *Zu S. 12, 119.* In den Formeln sind die jetzt gebräuchlichen Bezeichnungen für die Binomialkoeffizienten benutzt.

5) *Zu S. 13.* Aus den beiden vorhergehenden Formeln folgt nämlich

$$P + Q\sqrt{B} = (p + q\sqrt{B})^m \quad \text{und} \quad P - Q\sqrt{B} = (p - q\sqrt{B})^m.$$

6) *Zu S. 27.* Aus den Lösungen aller dieser transformierten Gleichungen $a = p^2 - Bq^2$ durch teilerfremde Zahlen p und q kann man dann mittels $u = \varrho p$, $t = \varrho q$ alle überhaupt vorhandenen Lösungen von $A = u^2 - Bt^2$ herleiten.

7) *Zu S. 32.* Ist $A = a_1 \cdot a_2 \cdot a_3 \cdots a_n$, wo die Werte a_λ zueinander teilerfremde Primzahlpotenzen sein sollen, so ist die Anzahl der Zerlegungen von A in zwei teilerfremde Faktoren gleich der Hälfte sämtlicher Kombinationen aller Klassen, die aus den n Elementen $a_1, a_2, \cdots a_n$ hergestellt werden können, also nach *Netto*: Kombinatorik S. 17, 18 gleich $\frac{1}{2} \cdot 2^n = 2^{n-1}$.

8) *Zu S. 37.* Man findet also aus A und B zuerst durch $AA_1 = \alpha^2 - B$ die Werte A_1 und α, dann ebenso weiter A_2 und $\alpha_1, \cdots$; ferner durch die Formeln (α) die Werte $\mu_1, \mu_2 \cdots$. Sind dann p_n, q_n bekannt, so liefert (δ) die Werte p_{n-1}, q_{n-1} und dann (γ) die weiteren $p_{n-2}, q_{n-2}; \cdots p, q$.

9) *Zu S. 43.* *Chr. Huygens*: »De antomato planetario«, Opera reliqua II. p. 174. Amstelodami 1728.

10) *Zu S. 43.* *N. Saunderson*: »Elements of algebra«, Cambridge 1740.

11) *Zu S. 64.* Die Formeln

$$E_1 > \sqrt{B} - \varepsilon, \quad E_2 > \sqrt{B} - \varepsilon_1, \quad E_3 > \sqrt{B} - \varepsilon_2, \cdots$$

kommen nicht in Nr. **35** vor, lassen sich aber aus dem dort Behandelten leicht herleiten. Es ist $E < \sqrt{B}$, also umsomehr $E < \sqrt{B} + \varepsilon$; aus

$$EE_1 = B - \varepsilon^2 = (\sqrt{B} + \varepsilon)(\sqrt{B} - \varepsilon)$$

folgt dann $E_1 > \sqrt{B} - \varepsilon$. Ferner ist

$$\lambda_1 < \frac{\sqrt{B} + \varepsilon_1}{E_1}, \text{ also } E_1 < \sqrt{B} + \varepsilon_1,$$

$$E_1 E_2 = B - \varepsilon_1^2 = (\sqrt{B} + \varepsilon_1)(\sqrt{B} - \varepsilon_1);$$

daraus folgt dann $E_2 > \sqrt{B} - \varepsilon_1$, usf.

12) *Zu S. 66.* Hier steht wohl p, q irrtümlich für r, s. Der Fall, daß r und s keine ganzen Zahlen wären, würde nach

der vorigen Nummer bei $n = 0$; $r = \xi$, $s = \psi$; $\xi = X$, $\eta = Y$ eintreten.

13) *Zu S. 108.* Über diesen Satz vgl. *Netto*, Kombinatorik § 118, S. 186.

14) *Zu S. 127.* Es folgt in der Abhandlung von *Lagrange* noch ein § VI, betitelt: »Besondere Bemerkungen«. Er steht nur in ganz lockerem Zusammenhange mit dem vorgesetzten Probleme der Auflösung unbestimmter Gleichungen zweiten Grades mit zwei Unbekannten. Er konnte daher hier weggelassen werden.

Druck von Breitkopf & Härtel in Leipzig.

Made in the USA
Monee, IL
04 November 2026

67384994R00075